能源矿产概论 第二版

万志军 张 源 冯子军 主编

中国矿业大学出版社
·徐州·

内容提要

能源矿产是人类社会和国民经济发展不可或缺的重要自然资源。本书重在面向社会大众介绍各类能源矿产的基本知识、开采方法、利用途径及现状和发展趋势，旨在让社会大众理解能源矿产在社会和经济发展中的重要作用，能够客观、全面、科学地评价能源矿产的开采和利用对社会的影响，站在环境保护和可持续发展的角度思考能源矿产开发与利用的可持续性问题，增强社会责任感。全书共分8章，主要内容包括煤炭、石油、天然气、非常规油气、地热能、核能、能源矿产可持续发展等。

本书可作为能源类相关专业本、专科生的教材，也可供相关专业工程技术人员参考。

图书在版编目(CIP)数据

能源矿产概论 / 万志军，张源，冯子军主编. —2版. —徐州：中国矿业大学出版社，2023.1

ISBN 978-7-5646-5200-5

Ⅰ. ①能… Ⅱ. ①万… ②张… ③冯… Ⅲ. ①能源-矿产-概论 Ⅳ. ①P618.1

中国版本图书馆CIP数据核字(2021)第230519号

书　　名　能源矿产概论
　　　　　　NENGYUAN KUANGCHAN GAILUN
主　　编　万志军　张　源　冯子军
责任编辑　王美柱
出版发行　中国矿业大学出版社有限责任公司
　　　　　　(江苏省徐州市解放南路　邮编221008)
营销热线　(0516)83884103　83885105
出版服务　(0516)83995789　83884920
网　　址　http://www.cumtp.com　**E-mail**:cumtpvip@cumtp.com
印　　刷　江苏淮阴新华印务有限公司
开　　本　787 mm×1092 mm　1/16　**印张** 10　**字数** 256千字
版次印次　2023年1月第2版　2023年1月第1次印刷
定　　价　25.00元

编者的话

能源是人类社会和国民经济发展不可或缺的重要资源，而能源矿产是能源的主要来源。纵观人类社会发展的历史，能源矿产的开发利用极大地推动了人类社会的进步与发展；同时，能源矿产的开发利用又给自然环境带来了很大的问题，也给人类自身带来了严重的问题。合理开发利用能源矿产资源是全社会共同的目标，向大众普及能源矿产有关知识是实现这一目标的重要途径和手段。长期以来，虽然介绍能源矿产开发利用方面的文章和资料随手可得，但是综合介绍各类能源矿产的书籍尚未见到。

编者从2007年开始在中国矿业大学采矿工程专业本科生中开设“能源概论”课程，主要介绍传统的化石能源和新能源相关知识，并编写了同名讲义；在讲授该课程的过程中，深感有必要编写一本综合介绍各类能源矿产的读本；通过收集大量相关文献资料，编写了《能源矿产概论》一书。本书重在面向社会大众介绍各类能源矿产的基本知识、开采方法、利用途径及现状和发展趋势，以提高大众的科学素养，培养大众节能环保的意识。

在本书的编写过程中，很多教师和科研人员投入了大量宝贵时间和精力。中国矿业大学万志军编写了本书的第1、6、8章，并负责统稿工作；中国矿业大学张源编写了第2、5章，并参与统稿工作；太原理工大学冯子军编写了第3、4章；河北地质职工大学董付科编写了第7章；中国矿业大学杨壮壮、孙庆富、他旭鹏参与了书稿的资料搜集和校对工作。

在编写本书过程中，编者参考了大量的教材、专著、期刊论文和网络资源，引用过程中可能存在对原文理解不准确甚至误解的现象，也可能漏引。读者若发现类似问题，请与本书编者联系，以便进行更正。在此表示感谢！

由于本书涉及面甚广，而编者主要从事煤炭开采领域的教学与研究工作，对其他能源矿产了解尚不够深入，书中难免存在不妥之处。恳请读者批评指正，以利本书的修订再版。

编　者

2022年10月于徐州

目　　录

第 1 章　绪论 …… 1

1.1　矿产资源概述 …… 1

1.2　能源矿产概述 …… 6

1.3　我国能源矿产概况 …… 12

思考题 …… 13

第 2 章　煤炭 …… 14

2.1　煤炭基本知识 …… 15

2.2　煤炭的开采 …… 23

2.3　煤炭的加工利用 …… 30

2.4　煤炭开采与利用展望 …… 34

思考题 …… 38

第 3 章　石油 …… 39

3.1　石油基本知识 …… 40

3.2　石油的开采 …… 42

3.3　石油的加工利用 …… 45

3.4　石油开采与利用展望 …… 48

思考题 …… 49

第 4 章　天然气 …… 50

4.1　天然气基本知识 …… 51

4.2　天然气的开采 …… 55

4.3　天然气的加工利用 …… 58

4.4　天然气开采与利用展望 …… 66

思考题 …… 67

第 5 章　非常规油气 …… 68

5.1　页岩气 …… 68

5.2 油页岩 …… 77
5.3 油砂 …… 84
5.4 天然气水合物 …… 89
5.5 天然沥青 …… 92
5.6 煤层气 …… 95
思考题 …… 101

第6章 地热能 …… 102
6.1 地热能基本知识 …… 102
6.2 地热能的开采 …… 106
6.3 地热能的利用 …… 115
6.4 地热能开采与利用展望 …… 120
思考题 …… 121

第7章 核能 …… 122
7.1 铀 …… 122
7.2 钍 …… 132
7.3 核能利用现状与展望 …… 135
思考题 …… 139

第8章 能源矿产可持续发展 …… 140
8.1 可持续发展概述 …… 140
8.2 能源矿产开发与环境问题 …… 142
8.3 能源矿产可持续开发利用 …… 146
思考题 …… 149

参考文献 …… 150

第1章　绪　　论

1.1　矿产资源概述

1.1.1　矿产资源的概念及分类

矿产资源是指由地质作用形成的，具有利用价值的，呈固态、液态或气态的自然资源。像水资源、土地资源、气候资源、生物资源一样，矿产资源是自然资源的重要组成部分，只不过它是由长期的地质作用形成的，如图1-1所示。矿产资源一般富集于地壳中或出露于地表，具有经济利用价值，是人类开采利用的对象。由于矿产资源的生成需要上万年甚至上亿年的地质作用，所以，矿产资源通常被认为是不可再生的，是大自然赋予人类的宝贵财富。我们应倍加珍惜，合理开发利用矿产资源。

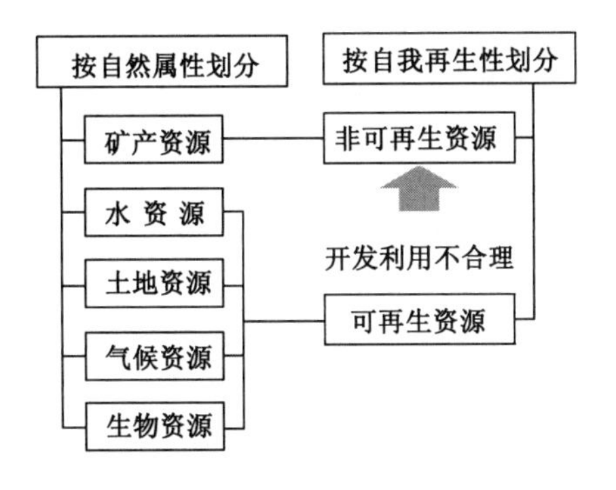

图1-1　自然资源划分

矿产资源是一种重要的自然资源，为人类提供了大部分燃料和工农业生产原材料，是人类社会发展的物质基础。尽管当今社会已进入知识经济发展阶段，但能源矿产仍在发挥重要作用，以我国为例，据统计，全国95%以上的一次能源、80%以上的工业原料、70%以上的农业生产资料仍然来自矿产资源。可见，作为人类赖以生存和社会可持续发展的物质基础，矿产资源是决定一个国家经济实力和发展潜力的重要标志之一。

依据在天然条件下的物理状态，矿产资源可分为固体矿产、液体矿产和气体矿产。固体矿产如煤、铁、铜、金、金刚石等；液体矿产如石油、矿泉水等；气体矿产如天然气、二氧化碳气等。

依据用途、性能及可能从中提取的有用成分，矿产资源又可划分为能源矿产、金属矿产、非金属矿产和水气矿产，见表1-1。其中，可作为燃料、动力等能源原料使用的矿产，称为能源矿产，如煤炭、石油、天然气等；能从中提取金属元素或金属化合物的矿产，称为金属矿产，如金、银、铜、铁、锡等；能从中提取非金属元素，或可直接利用的非金属矿物或岩石的矿产，称为非金属矿产，如磷、盐、萤石、高岭土、耐火黏土、大理石等；水气矿产是指蕴含某种水、气并经开发可被人们利用的矿产，包括地下水、矿泉水、二氧化碳气、硫化氢气、氦气和氡气。在一些分类方法中，水气矿产有时也被划分到非金属矿产中。

表1-1　矿产资源分类表

类　别	数量	主　要　矿　产
能源矿产	13种	煤炭、煤成气、石煤、油页岩、石油、天然气、油砂、天然沥青、铀、钍、地热、页岩气、天然气水合物
金属矿产	59种	铁、锰、铬、钒、钛；铜、铅、锌、铝土矿、镍、钴、钨、锡、铋、钼、汞、锑、镁；铂、钯、钌、锇、铱、铑、金、银；铌、钽、铍、锂、锆、锶、铷、铯；镧、铈、镨、钕、钐、铕、钇、钆、铽、镝、钬、铒、铥、镱、镥；钪、锗、镓、铟、铊、铪、铼、镉、硒、碲
非金属矿产	95种	金刚石、石墨、磷、自然硫、硫铁矿、钾盐、硼、水晶(压电水晶、熔炼水晶、光学水晶、工艺水晶)、刚玉、蓝晶石、夕线石、红柱石、硅灰石、钠硝石、滑石、石棉、蓝石棉、云母、长石、石榴子石、叶蜡石、透辉石、透闪石、蛭石、沸石、明矾石、芒硝(含钙芒硝)、石膏(含硬石膏)、重晶石、毒重石、天然碱、方解石、冰洲石、菱镁矿、萤石(普通萤石、光学萤石)、宝石、黄玉、玉石、电气石、玛瑙、颜料矿物(赭石、颜料黄土)、石灰岩(电石用灰岩、制碱用灰岩、化肥用灰岩、熔剂用灰岩、玻璃用灰岩、水泥用灰岩、建筑石料用灰岩、制金用灰岩、饰面用灰岩)、泥灰岩、白垩、含钾岩石、白云岩(冶金用白云岩、化肥用白云岩、玻璃用白云岩、建筑用白云岩)、石英岩(冶金用石英岩、玻璃用石英岩、化肥用石英岩)、砂岩(冶金用砂岩、玻璃用砂岩、水泥配料用砂岩、砖瓦用砂岩、化肥用砂岩、铸型用砂岩、陶瓷用砂岩)、天然石英砂(玻璃用砂、铸型用砂、建筑用砂、水泥配料用砂、水泥标准砂、砖瓦用砂)、脉石英(冶金用脉石英、玻璃用脉石英)、粉石英、天然油石、含钾砂页岩、硅藻土、页岩(陶粒页岩、砖瓦用页岩、水泥配料用页岩)、高岭土、陶瓷土、耐火黏土、凹凸棒石黏土、海泡石黏土、伊利石黏土、累托石黏土、膨润土、铁矾土、其他黏土(铸型用黏土、砖瓦用黏土、陶粒用黏土、水泥配料用黏土、水泥配料用红土、水泥配料用黄土、水泥配料用泥岩、保温材料用黏土)、橄榄岩(化肥用橄榄岩、建筑用橄榄岩)、蛇纹岩(化肥用蛇纹岩、熔剂用蛇纹岩、饰面用蛇纹岩)、玄武岩(铸石用玄武岩、岩棉用玄武岩)、辉绿岩(水泥用辉绿岩、铸石用辉绿岩、饰面用辉绿岩、建筑用辉绿岩)、安山岩(饰面用安山岩、建筑用安山岩、水泥混合材用安山玢岩)、闪长岩(水泥混合材用闪长玢岩、建筑用闪长岩)、花岗岩(建筑用花岗岩、饰面用花岗岩)、麦饭石、珍珠岩、黑曜岩、松脂岩、浮石、粗面岩(水泥用粗面岩、铸石用粗面岩)、霞石正长岩、凝灰岩(玻璃用凝灰岩、水泥用凝灰岩、建筑用凝灰岩)、火山灰、火山渣、大理岩(饰面用大理岩、建筑用大理岩、水泥用大理岩、玻璃用大理岩)、板岩(饰面用板岩、水泥配料用板岩)、片麻岩、角闪岩、泥炭、矿盐(湖盐、岩盐、天然卤水)、镁盐、碘、溴、砷等
水气矿产	6种	地下水、矿泉水、二氧化碳气、硫化氢气、氦气、氡气

依据生成与赋存环境的不同，矿产资源还可以划分为陆地矿产、海洋矿产和外星矿产。

进入21世纪以来，科技进步非常迅速，随着对矿产资源需求量的增加，人类将来很有可能实现在月球上开采矿产资源。

1.1.2　矿产资源的形成

(1) 地质作用

地球从形成迄今已有45亿a以上的历史。地球不断地运动、发展，地壳也不断变动。在不同的地质历史时期，有不同的生物、矿物资源形成和发展，它们所形成的地层环境也不完全一样。为便于对矿产资源的寻找和开发，需要划分地质年代并对地层建立统一的名称。按地质年代，地球史从古至今划分为太古宙、元古宙和显生宙，宙细分为代，代细分为纪，纪细分为世。宙、代、纪、世是国际统一的地质年代单位。与地质年代单位相对应的年代地层单位是宇、界、系、统，它们是国际统一的年代地层单位。例如，我国的煤炭主要形成于古生代的石炭纪和二叠纪、中生代的侏罗纪以及新生代的古近纪与新近纪，这些地质年代都大致对应着一个时间段。

由自然动力引起的使地壳组成物质、地壳构造及地表形态等不断变化和形成的作用，称为地质作用。有些地质作用较激烈，易于被发现，如地震和火山喷发。而更多的地质作用则进行得很缓慢，须经历若干万年甚至上亿年才显现出变化的结果。

根据引起地质作用的动力来源不同，可将地质作用分为内力地质作用和外力地质作用。内力地质作用的动力主要来自地球内部。有关引起地壳变动的地球内部动力的阐述，一种学说认为：地壳变动的根本原因是地球自转速度变化，即地球自转速度变化引起的惯性离心力的改变使地壳表层的物质产生移动，而且以水平移动为主；当地球自转变缓时，移动受阻的地方形成挤压带，隆起的形成山脉，断离的则形成张裂。另一种学说认为：地壳由许多巨大板块构成，板块下面的地幔处于固态和液态的过渡状态，即软流层，它具有流动性；由于密度和温度的差异，软流层发生对流，板块在地幔软流层上随之漂移。

外力地质作用主要由太阳辐射能引起。地表岩石经过长期风化、雨淋、日照和温度变化、生物活动等，逐渐被破坏、剥离及分解，通称为风化剥蚀。风化剥蚀的产物，经过风流或水流的搬运作用，当到达低洼开阔等适宜的地方，随着风流或水流减小、搬运作用减弱而沉积下来。这种由于条件改变而发生的沉淀、堆积的过程称为沉积作用。

沉积物在低洼地带层层堆积，厚度不断增加，下部沉积物被上部沉积物不断挤压，经过一系列的物理、化学作用，进而胶结成一个整体岩层，即沉积岩层。所以，沉积岩具有层理构造，它的原生状态一般都近似水平；只是由于后来的地质作用使地壳升降，沉积岩才变为倾斜状态。

(2) 成矿作用

矿产资源是地壳在其长期形成、发展与演变过程中的产物，是自然界矿物质在一定的地质条件下经一定地质作用而聚集形成的。在地球的演化过程中，分散在地壳和上地幔中的化学元素，受特定的地质作用影响而相对富集，从而形成矿床。一般将这种形成矿床的地质作用称为成矿作用。

地壳运动具有不均衡性，而地质构造活动又具有多期性和复杂性。受此影响，世界各地的成矿作用不尽相同，所形成的矿产在种类上、矿床的规模和质量上也有差别。依据形成矿产资源的地质作用及其能量来源的不同，一般将成矿作用分为内生成矿作用、外生成矿作用、变质成矿作用与叠生成矿作用。

内生成矿作用，是指由于地球内部的热能、动能、化学能等能量作用，在地壳内部形成矿床的地质作用。例如，岩浆中存在的金属元素经岩浆成矿作用，结晶分异或熔离，从而富集形成铬、铂、钛、铁、铜、镍等金属矿床。

外生成矿作用，是指在太阳能的影响下，岩石圈、水圈、大气圈和生物圈相互作用，使成矿物质逐渐聚集，从而在地壳浅层形成矿床的地质作用。煤炭、石油等矿产就是生物直接或间接吸收太阳能，并经岩石圈、水圈、大气圈和生物圈相互作用，在地壳浅层形成的矿产。

变质成矿作用，是指在内生成矿作用或外生成矿作用中形成的岩石或矿床，由于地质环境的改变，特别是经过深埋或其他热动力事件，其矿物成分、化学成分、物理性质以及结构和构造等方面发生改变，或重新组合富集成为新的矿床的一种地质作用。例如，煤层受中生代酸性岩浆作用影响，在上覆岩层封闭的低压中温条件下，经过接触变质成矿作用生成石墨矿产。

叠生成矿作用，是指在一个地区内的不同地质历史演化阶段，不同成矿作用叠加富集而形成矿床的成矿作用。事实证明，现阶段发现的大多数矿床，尤其是大型矿床，都是由内生成矿作用、外生成矿作用与变质成矿作用共同作用的结果。例如：内蒙古白云鄂博超大型稀土—铁—铌矿床，就是在中元古代裂谷环境形成热水沉积型含稀土的贫铁矿床的基础之上，又叠加了与加里东晚期岩浆热液有关的稀土—铌矿化作用而形成的；江西九瑞地区的铜多金属矿，则经历了海西期、印支期和燕山晚期三个期次的叠生成矿作用。叠生成矿作用能造成矿产资源共伴生的特点。

一个地区矿床的形成和品位与该地区的成矿地质条件密切相关。成矿地质条件越有利于矿床形成，矿床品位可能越高，也越有可能形成储量丰富的矿产；成矿地质条件越多样，矿产种类则可能越丰富。一个国家矿产资源的丰富程度，除与成矿地质条件有关外，还受可供储矿的疆域空间限制，前者决定矿产的有无和优劣，后者决定资源的丰富程度。在同等成矿地质条件下，疆域越辽阔，矿产资源就越丰富。以我国为例，我国位于亚洲东部、太平洋西岸，疆域辽阔，沃野千里，山川纵横，景色秀丽，湖沼盆地星罗棋布，地貌极为雄伟壮观；西部多高山和高原，东部多丘陵和平原。这广袤无垠的大地和复杂多样的地质地貌为储存丰富多彩的矿产资源提供了广阔的空间。

另外，在幅员辽阔的中国大地上，各断代地层发育齐全，自太古宇到新生界均有分布。从太古宙到新生代这30多亿年的时间里，中国大地经历了多期广泛而又剧烈的岩浆活动，形成了多种类型的岩浆岩，其广泛分布于全国各地。中国是欧亚大陆的重要组成部分，是全球地壳运动和构造演化的产物。按照板块构造学说的观点，中国位于欧亚板块的东南部，东与太平洋板块相连，南与印度洋板块相接。中国大陆正处在这几大板块的接壤地区，受几种不同大地构造单元的影响，为形成多样性的矿产资源创造了良好的地质构造条件。因此，中国具备形成丰富矿产资源的地质和疆域条件。

1.1.3 我国矿产资源特点

我国是一个矿产资源大国，矿产种类丰富，资源储量大，在全球矿产资源市场中占有极其重要的地位。截至2017年，全国已发现各类矿产173种（页岩气和天然气水合物分别于2011年和2017年被列为新发现矿种），包括能源矿产13种、金属矿产59种、非金属矿产95种、水气矿产6种，其中162种矿产已查明资源储量，已查明资源储量的部分矿产见表1-2。然而，由于我国人口数量大，人均矿产资源占有量较少，是美国的1/10、俄罗斯的1/8。总体来看，我国矿产资源具有如下特点：

表1-2 截至2017年我国已查明资源储量的部分矿产

矿产	单位	查明资源储量	矿产	单位	查明资源储量
煤炭	亿t	16 666.73	银矿（金属）	万t	31.60
石油	亿t	35.42	钼矿（金属）	万t	3 006.78
天然气	亿m^3	55 220.96	铝土矿（矿石）	亿t	50.89
页岩气	亿m^3	1 982.88	石膏（矿石）	亿t	984.72
煤层气	亿m^3	3 025.36	高岭土（矿石）	亿t	34.74
铁矿（矿石）	亿t	848.88	耐火黏土（矿石）	亿t	25.92
铜矿（金属）	万t	10 607.75	膨润土（矿石）	亿t	3 062
铅矿（金属）	万t	8 967.00	磷矿（矿石）	亿t	252.84
锌矿（金属）	万t	18 493.85	钾盐（KCl）	亿t	10.27
锡矿（金属）	万t	450.04	钠盐（NaCl）	亿t	14 224.92
钨矿（WO_3）	万t	1 030.42	金刚石（矿物）	kg	3 124.62
金矿（金属）	t	13 195.56	滑石（矿石）	亿t	2.89

注：油气矿产（石油、天然气、煤层气、页岩气）为剩余技术可采储量；非油气矿产为查明资源储量。

① 矿产资源总量丰富，但人均占有量低。据统计，我国矿产资源保有探明储量在世界上排名第3位；但是人均占有量还达不到世界平均水平，世界排名第53位。一些短缺或急缺的矿产对外依存度很大，有些矿产的人均占有量非常低，如石油和铁矿资源。2018年，我国石油对外依存度达到70%左右。

② 矿产资源种类齐全，但资源丰度不一。中国具备形成丰富矿产资源的地质和疆域条件，是世界上少有的几个矿产种类齐全配套的国家之一。但是，各种矿产资源有丰有欠，差别比较大。有的矿产保有储量大、开发条件好，既能满足国内需要还能出口创汇，如稀土、钨、石墨等；有的则不仅无法满足国内需要，还需要大量进口，如石油、富铁矿、钾盐等。

③ 矿产资源分布广泛，但不均衡。由于地质成矿条件不同，我国矿产资源分布具有明显的地域性差异。如晋、陕、内蒙古地区富产煤炭，产量占到了全国的七成；全国一半以上的铁矿集中在辽、冀、川三省；铬矿则主要分布在西藏和新疆。矿产资源的过度集中造成资源型城市经济结构单一、环境恶化；同时，矿产的运输成本也较高。

④ 矿产资源质量差别大，有富有贫。我国有一些矿产资源，质量好、品位高，如内蒙古

的稀土矿、辽宁的菱镁矿、南岭地区的钨矿等，在世界上均占有重要地位。但是，一些关系到国计民生和消耗量大的矿产则以贫矿为主。如我国86%的铁矿为贫矿，铁矿石平均品位只有33.5%，比世界平均水平低10%以上；65%的铜矿为贫矿，平均品位只有0.87%。总体上，我国矿产资源富矿较少，贫矿较多。

⑤ 矿产资源产地分散，大型矿床少。我国虽然也拥有一批超大型矿床，如陕、甘、内蒙古地区的神东煤田，内蒙古白云鄂博的稀土矿，辽宁海城的锑矿，广西大厂的锡矿等，这些都是世界级超大型矿床，但是与世界资源大国相比，我国大型矿床仍然偏少。

⑥ 矿产资源共伴生矿床多，单矿种矿床少。由于我国地质条件复杂，成矿的叠加作用比较明显，很多矿床都是由多种矿物共生或伴生组成的综合性矿床，尤以内生金属矿床最为突出。如我国2/3的银矿是铅锌矿的伴生矿，另外1/3则是铜矿的伴生矿，独立银矿极少；内蒙古白云鄂博铁矿中含有114种矿物，稀土、稀有金属与铁矿共生；甘肃金川镍矿中有铜、铂、钴与镍矿共生。

在矿产资源方面，中国地大物博是事实，但是人均占有量低、开发成本高、技术水平欠发达也是实情。这要求我们更要注重合理开发、全面节约、高效利用矿产资源。

1.2 能源矿产概述

能源矿产是指可作为燃料、动力等能源原料使用的矿产资源，它蕴含某种形式的能，可转换成人类生产和生活必需的热能、光能、电能、磁能和机械能。按照利用方式，能源矿产还可以再进一步分为三类：一是燃料矿产，即可燃有机矿产，如煤炭、石油、天然气、油页岩等；二是放射性矿产，如铀、钍等；三是地热资源。能源矿产作为矿产资源中的一大类，是由地质作用形成的天然富集物，而且必须能够提供现实意义或潜在意义的能源价值。能源矿产有3个方面的特质，首先是矿产，然后是能源，最后还要具有开发利用价值。最后一条最为关键，它决定这种矿产是否能够作为资源对人类社会和国民经济发展起到巨大推动作用。

1.2.1 能源矿产与社会发展

人类社会的初期以薪柴和畜力为主要能源与动力，这段时期称为薪柴时代。在薪柴时代，做饭和取暖的能源主要是薪柴和植物秸秆等生物燃料，动力主要靠人力和畜力，生产和生活水平都很低。这个时代延续了很久，生产力进步不大，社会发展缓慢。

18世纪的产业革命使煤炭取代薪柴作为主要能源，给人类社会带来了巨大的变革。此时，蒸汽机取代人力和畜力成为生产的主要动力，使劳动生产力得到了很大的提高，工业得到迅速发展。19世纪末，电力开始进入社会各领域，蒸汽机逐渐被电动机代替，油灯和蜡烛被电灯代替。此时，电力成为工矿企业生产的主要动力，成为生产和生活照明的主要能源。电灯、电话、电影陆续出现，社会生产力水平、人们的生活水平和文化水平得到了极大的提高，从根本上改变了人类社会的面貌。这时的电力工业主要是依靠煤炭作为燃料的。

石油资源的发现和利用，开启了人类社会利用能源的新时期。特别是在20世纪50年代，美国、中东和北非相继发现了巨大的油（气）田，很快地实现了能源结构的转型，石油逐渐代替煤炭成为主要能源。依靠石油，汽车、飞机、内燃机车和远洋客货轮等产业迅猛发展，有力地促进了世界经济的繁荣，人类物质文明空前发展。

由此可见，时代的发展与能源矿产的更新换代密切相关。每一次以能源矿产为主要推动力的能源革命，必然给人类生活、生产方式带来巨大的改变。下一个有可能推动能源革命的能源会是什么，天然气水合物？核能？地热能？还是……这个问题值得思考。

值得注意的是，虽然传统工业文明比农耕文明的发展速度快，但持续性相对不足。随着世界人口的增长和经济的飞速发展，人类对能源矿产的需求快速增长。过快的能源矿产消耗给人类赖以生存的自然环境带来了日益严重的污染。与此同时，由于人类不合理的生产和生活活动，地球生态系统的平衡遭到破坏，森林面积锐减、物种毁灭、荒漠扩张、气候变暖、极端天气事件频发。因此，如何使能源矿产利用和环境保护相协调，保障人类社会的可持续发展，是摆在全人类面前的共同问题。

1.2.2 能源矿产在国民经济发展中的地位

能源矿产是国民经济发展的重要物质基础。在现代工业生产中，任何生产机器和运输工具的运转，都需要有足够的机械动力来保证；没有能量（动力），任何先进的生产设备或运输工具都将成为一堆废铁。一个国家的工农业生产越发达，生产出的产品越多，它所消耗的能源也就相对越多。所以能源矿产工业的发展水平与速度是衡量一个国家经济实力的重要标志，特别是对一些消耗大量一次能源的部门，如冶金、化工、电力部门等，影响尤其显著。

在现代农业中，农产品产量的大幅度提高需要消耗大量的能源矿产。例如，耕种、灌溉、收割、运输、烘干、冷藏等过程都必须依靠机械或者电力，都需要直接或间接地消耗能源矿产，而化肥、农药的生产和使用也要间接消耗能源矿产。例如，生产 1 t 合成氨需要消耗能源 2.5～3.0 t 标准煤，生产 1 t 农药平均需要消耗能源 3.5 t 标准煤。随着我国农业现代化程度的不断提高，农业机械化、电气化也正在飞速发展，对化肥、农药等的需求量也越来越大，没有能源矿产工业的发展来加以保障，就无法实现农业现代化。

在现代交通运输中，能源矿产也是绝对的动力来源。汽车用汽油、卡车用柴油、飞机用航空煤油，都离不开能源矿产。火车用的大部分电力也是来自煤炭、石油和天然气的发电。离开了煤炭、石油、天然气，无论是火车、轮船、汽车，还是飞机等，都无法行驶，更谈不上人员和物资的运输。如果没有能源矿产工业的发展，交通运输事业也不可能发展。

在现代国防中，所使用的运输工具和武器，如汽车、摩托车、坦克等，都需要能源矿产，尤其是石油。就是现代化的喷气式飞机、火箭、导弹等，也都要耗费大量的石油资源。所以要实现国防现代化，也必须首先发展能源矿产工业。

进入 21 世纪以来，新能源产业发展迅速，但是短期内还无法取代传统的能源矿产。所以，能源矿产仍将在国民经济发展中发挥极其重要的作用。

1.2.3 世界能源矿产概况

在各种能源矿产中，煤炭、石油和天然气等化石能源是最主要的能源矿产，是一次能源的主要构成部分。据英国石油公司（BP）统计，2018年，在世界一次能源消费量中，石油占33.6％，煤炭占27.2％，天然气占23.9％，三者之和占84.7％，占据世界一次能源消费量的绝大部分。因此，以下以石油、煤炭和天然气为例介绍世界能源矿产的探明可采储量、生产、消费以及发展形势。

（1）能源矿产探明可采储量

表1-3和表1-4分别列出了截至2018年年底，世界石油、天然气、煤炭探明可采储量的地区（或国家）分布和前10名的国家。从表中可以看出：中东地区的石油探明可采储量最多，占世界总量的近1/2；石油探明可采储量最多的国家是委内瑞拉，其探明可采储量占世界总量的19.7％。世界天然气探明可采储量较多的地区（或国家）是中东和欧洲及独联体国家，其探明可采储量之和占世界总量的72.2％；俄罗斯是天然气探明可采储量最多的国家，其探明可采储量占世界总量的近1/5。亚太、欧洲及独联体国家和北美是煤炭探明可采储量最多的地区（或国家），其各自探明可采储量占世界总量的比例都在20％以上，三者探明可采储量总和占世界总量的97.4％；美国是煤炭探明可采储量最多的国家，其探明可采储量占世界总量的23.7％。

表1-3 世界石油、天然气和煤炭探明可采储量地区（或国家）分布

地区（或国家）	石油		天然气		煤炭	
	探明可采储量/（$\times10^8$ t）	比例/％	探明可采储量/（$\times10^{12}$ m^3）	比例/％	探明可采储量/（$\times10^8$ t）	比例/％
北美	354	14.5	13.9	7.1	2 580.12	24.5
中南美	511	20.9	8.2	4.2	140.16	1.3
欧洲及独联体国家	215	8.8	66.7	33.9	3 234.46	30.7
中东	1 132	46.4	75.5	38.3	12.03	0.1
非洲	166	6.8	14.4	7.3	132.17	1.2
亚太	63	2.6	18.1	9.2	4 448.88	42.2
世界	2 441	100	196.9	100	10 547.82	100

资料来源：《BP世界能源统计年鉴》2019版。

表1-4 世界石油、天然气和煤炭探明可采储量前10名的国家

石油			天然气			煤炭		
国家	探明可采储量/（$\times10^8$ t）	比例/％	国家	探明可采储量/（$\times10^{12}$ m^3）	比例/％	国家	探明可采储量/（$\times10^8$ t）	比例/％
委内瑞拉	480	19.7	俄罗斯	38.9	19.8	美国	2 502.19	23.7
沙特阿拉伯	409	16.8	伊朗	31.9	16.2	俄罗斯	1 603.64	15.2

表 1-4(续)

石油			天然气			煤炭		
国家	探明可采储量/($\times10^8$ t)	比例/%	国家	探明可采储量/($\times10^{12}$ m^3)	比例/%	国家	探明可采储量/($\times10^8$ t)	比例/%
加拿大	271	11.1	卡塔尔	24.7	12.6	澳大利亚	1 474.35	14.0
伊朗	214	8.8	土库曼斯坦	19.5	9.9	中国	1 388.19	13.2
伊拉克	199	8.2	美国	11.9	6.0	印度	1 013.63	9.6
俄罗斯	146	6.0	委内瑞拉	6.3	3.2	印度尼西亚	370.00	3.5
科威特	140	5.7	中国	6.1	3.1	德国	361.03	3.4
阿联酋	130	5.3	阿联酋	5.9	3.0	乌克兰	343.75	3.3
美国	73	3.0	沙特阿拉伯	5.9	3.0	波兰	264.79	2.5
利比亚	63	2.6	尼日利亚	5.3	2.7	哈萨克斯坦	256.05	2.4
总计	2 125	87.1	总计	156.4	79.4	总计	9 577.62	90.8

资料来源:《BP 世界能源统计年鉴》2019 版。

(2) 能源矿产生产

表 1-5 和表 1-6 分别列出了 2018 年世界石油、天然气、煤炭产量的地区(或国家)分布和前 10 名的国家。从表中可以看出:中东地区不仅石油探明可采储量最多,而且也是石油产量最高的地区,其产量占世界总产量的 1/3;产油较多的国家是美国和沙特阿拉伯,其产量分别占世界总产量的 15.0%和 12.9%。欧洲及独联体国家和北美是世界天然气产量较多的地区(或国家),两者产量之和超过世界总产量的 1/2;美国是世界天然气产量最大的国家,其产量占世界总产量的 21.5%。世界煤炭产量较大的地区(或国家)是亚太、欧洲及独联体国家和北美,三者产量之和占世界总产量的 90%以上;中国是煤炭产量最大的国家,其产量占世界总产量的近 1/2,美国次之,占世界总产量的 9.3%。

表 1-5 世界石油、天然气和煤炭产量地区(或国家)分布

地区(或国家)	石油		天然气		煤炭	
	产量(油当量)/($\times10^6$ t)	比例/%	产量/($\times10^9$ m^3)	比例/%	产量(油当量)/($\times10^6$ t)	比例/%
北美	1 027.1	23.0	1 053.9	27.2	400.7	10.23
中南美	335.1	7.5	176.7	4.6	60.4	1.54
欧洲及独联体国家	872.0	19.5	1 081.8	28.0	446.0	11.39
中东	1 489.7	33.3	687.3	17.8	0.7	0.02
非洲	388.7	8.7	236.6	6.1	155.8	3.98
亚太	361.6	8.1	631.7	16.3	2 853.1	72.84
世界	4 474.3	100	3 867.9	100	3 916.8	100

资料来源:《BP 世界能源统计年鉴》2019 版。

表 1-6　世界石油、天然气和煤炭产量前 10 名的国家

国家	石油		国家	天然气		国家	煤炭	
	产量(油当量)/(×10^6 t)	比例/%		产量/(×10^9 m^3)	比例/%		产量(油当量)/(×10^6 t)	比例/%
美国	669.4	15.0	美国	831.8	21.5	中国	1 828.8	46.7
沙特阿拉伯	578.3	12.9	俄罗斯	669.5	17.3	美国	364.5	9.3
俄罗斯	563.3	12.6	伊朗	239.5	6.2	印度尼西亚	323.3	8.3
加拿大	255.5	5.7	加拿大	184.7	4.8	印度	308.0	7.9
伊拉克	226.1	5.1	卡塔尔	175.5	4.5	澳大利亚	301.1	7.7
伊朗	220.4	4.9	中国	161.5	4.2	俄罗斯	220.2	5.6
中国	189.1	4.2	澳大利亚	130.1	3.4	南非	143.2	3.7
阿联酋	177.7	4.0	挪威	120.6	3.1	哥伦比亚	57.9	1.5
科威特	146.8	3.3	沙特阿拉伯	112.1	2.9	哈萨克斯坦	50.6	1.3
巴西	140.3	3.1	阿尔及利亚	92.3	2.4	波兰	47.5	1.2
总计	3 166.9	70.8	总计	2 717.6	70.3	总计	3 645.1	93.2

资料来源:《BP 世界能源统计年鉴》2019 版。

(3) 能源矿产消费

表 1-7 和表 1-8 分别列出了 2018 年世界石油、天然气和煤炭消费量的地区(或国家)分布和前 10 名的国家。从表中可以看出:亚太、北美、欧洲及独联体国家是石油的主要消费地区(或国家),其消费量分别达到 16.954 亿 t 油当量、11.125 亿 t 油当量和 9.355 亿 t 油当量,共计约占世界总消费量的 4/5。美国是石油消费量最多的国家,消费了世界 1/5 左右的石油,远远超过其他国家;其次是中国,其石油消费量占世界总消费量的 13.8%。同时,欧洲及独联体国家、北美、亚太也是天然气的主要消费地区(或国家),这几个地区(或国家)的天然气消费量之和也几乎占世界总消费量的 4/5。美国不仅是石油消费第一大国,也是天然气消费第一大国,其天然气消费量占世界总消费量的 21.2%;其次是俄罗斯,其天然气消费量占世界总消费量的 11.8%。亚太地区是煤炭的主要消费地区,消费量达到 28.413 亿 t 油当量,约占世界总消费量的 3/4。中国是煤炭消费量最多的国家,其煤炭消费量约占世界总消费量的 1/2;其次是印度,其煤炭消费量占世界总消费量的 12.0%。

表 1-7　世界石油、天然气和煤炭消费量地区(或国家)分布

地区(或国家)	石油		天然气		煤炭	
	消费量(油当量)/(×10^6 t)	比例/%	消费量/(×10^9 m^3)	比例/%	消费量(油当量)/(×10^6 t)	比例/%
北美	1 112.5	23.9	1 022.3	26.6	343.3	9.1
中南美	315.3	6.8	168.4	4.4	36.0	1.0
欧洲及独联体国家	935.5	20.1	1 129.8	29.3	442.0	11.7

表 1-7(续)

地区(或国家)	石油		天然气		煤炭	
	消费量(油当量)/($\times10^6$ t)	比例/%	消费量/($\times10^9$ m^3)	比例/%	消费量(油当量)/($\times10^6$ t)	比例/%
中东	412.1	8.8	553.1	14.4	7.9	0.2
非洲	191.3	4.1	150.0	3.9	101.4	2.7
亚太	1 695.4	36.3	825.3	21.4	2 841.3	75.3
世界	4 662.1	100	3 848.9	100	3 771.9	100

资料来源:《BP 世界能源统计年鉴》2019 版。

表 1-8 世界能源消费量前 10 名的国家

国家	石油		国家	天然气		国家	煤炭	
	消费量(油当量)/($\times10^6$ t)	比例/%		消费量/($\times10^9$ m^3)	比例/%		消费量(油当量)/($\times10^6$ t)	比例/%
美国	919.7	19.7	美国	817.1	21.2	中国	1 906.7	50.6
中国	641.2	13.8	俄罗斯	454.5	11.8	印度	452.2	12.0
印度	239.1	5.1	中国	283.0	7.4	美国	317.0	8.4
日本	182.4	3.9	伊朗	225.6	5.9	日本	117.5	3.1
沙特阿拉伯	162.6	3.5	日本	115.7	3.0	韩国	88.2	2.3
俄罗斯	152.3	3.3	加拿大	115.7	3.0	俄罗斯	88.0	2.3
巴西	135.9	2.9	沙特阿拉伯	112.1	2.9	南非	86.0	2.3
韩国	128.9	2.8	墨西哥	89.5	2.3	德国	66.4	1.8
德国	113.2	2.4	德国	88.3	2.3	印度尼西亚	61.6	1.6
加拿大	110.0	2.4	英国	78.9	2.0	波兰	50.5	1.3
总计	2 785.3	59.8	总计	2 380.4	61.8	总计	3 234.1	85.7

资料来源:《BP 世界能源统计年鉴》2019 版。

(4) 能源矿产发展形势

在探明可采储量方面,煤炭、石油和天然气的可采储量存在明显的区域不均衡性,主要集中在部分地区和少数国家。例如,煤炭探明可采储量排名前 3 的分别是美国、俄罗斯和澳大利亚,这 3 个国家的探明可采储量总和约占世界总量的一半。世界石油探明可采储量中,接近一半分布在中东地区,其中仅沙特阿拉伯的石油探明可采储量就约为世界总量的 1/6;委内瑞拉近年来石油探明可采储量增加很快,已超过沙特阿拉伯而跃居世界第 1 位。在天然气方面,中东和欧洲及独联体国家的探明可采储量之和占世界总量的近 3/4,其中,仅俄罗斯的天然气探明可采储量就占世界总量的近 1/5。目前,这种能源分布格局主要受资源富集程度和开发程度的制约。例如:在油气资源丰富、开发程度较低的国家和地区,其探明可采储量相对较大;美国的煤炭资源丰富,但是其能源消费以油气为主,煤炭的开发程度远不及中国。

在产量方面，各地区和国家的油气产量差别也很大，同样主要来自部分地区和少数国家。例如，世界石油总产量的1/3来自中东，沙特阿拉伯、美国和俄罗斯的石油产量之和约占世界总产量的2/5。天然气产量以北美和欧洲及独联体国家为主，两者的天然气产量之和超过世界总产量的一半。尤其是美国和俄罗斯，它们的天然气产量之和接近世界总产量的2/5。煤炭主要产自亚太、欧洲及独联体国家和北美，超过世界总产量90%的煤炭来自这几个地区(或国家)，尤其是中国和美国的煤炭产量之和接近世界总产量的3/5。产量的多少除了受资源的丰富程度制约外，还与开采能力、市场环境等因素有关。北美地区天然气探明储量仅约占世界总量的1/14，但其产量却占世界总量的27.2%；中东地区尽管天然气探明储量为世界总量的近2/5，但受市场有限及运输条件等所限，产量却仅占世界总量的约1/6。

依据2018年的探明可采储量和产量水平计算，世界石油、天然气和煤炭的储产比(储产比为剩余可采储量与当年产量之比，单位为a)分别为50.0 a、50.9 a和132.0 a。但是，世界范围内各地区的储产比差异很大。比如：中南美地区石油的储产比高达136.2 a，中东地区为72.1 a，而亚太地区仅为17.1 a，其他地区的石油储产比也均低于世界平均水平，其中非洲地区为41.9 a、北美地区为28.7 a、欧洲及独联体国家为19.3 a；中东地区的天然气储产比最高，高达109.9 a，而储产比最低的北美地区仅为13.2 a，亚太地区也仅为28.7 a。油气资源丰富的地区和国家，煤炭产量一般不高，而煤炭的储产比相对较高。例如：北美和欧洲及独联体国家煤炭的储产比分别为342.0 a和241.8 a，中南美、中东以及非洲地区煤炭的储产比均高于世界平均水平，仅亚太地区煤炭的储产比低于世界平均水平，为79.0 a。

目前的世界能源格局是长期不断发展而形成的，可以预计，这种格局在短期内不会有很大改变。

1.3 我国能源矿产概况

能源矿产是我国矿产资源的重要组成部分。我国国民经济和人民生活所消耗的一次能源，有92%取自能源矿产。在我国已发现的13种能源矿产中，固态的有煤炭、油页岩、铀、钍、油砂、天然沥青、天然气水合物、石煤；液态的主要是石油；气态的有天然气、煤层气、页岩气。地热资源在地层浅部和中深部主要是指地热水，一般呈液态，也有呈气态的。而对深部的干热岩型地热资源来说，热能一般储存在无水或者含有很少水的干燥致密岩石中。我国能源矿产资源丰富，分布广泛。

在探明可采储量方面，2018年，我国石油、天然气、煤炭的探明可采储量在世界总量中的比例分别是1.5%、3.1%和13.2%，分别居于世界第13、第7和第4位，总体上相对富煤、少气、缺油；储产比分别为18.7 a、37.6 a和38.0 a，均低于世界平均水平，能源形势依然严峻。

在产量方面，2018年，我国石油产量为1.891亿t油当量，占世界总产量的4.2%，居世界第7位；天然气产量为1 615亿 m^3，占世界总产量的4.2%，居世界第6位；煤炭产量为18.288亿t油当量，占世界总产量的46.7%，高居世界第1位。

在消费方面，2018 年，我国石油消费量为 6.412 亿 t 油当量，占世界总消费量的 13.8%，居世界第 2 位；天然气消费量为 2 830 亿 m^3，占世界总消费量的 7.4%，居世界第 3 位；煤炭消费量为 19.067 亿 t 油当量，占世界总消费量的 50.6%，高居世界第 1 位。

20 世纪以来，随着科技水平的不断进步，资源开发利用水平逐渐提高，铀、钍、地热能、页岩气等能源矿产逐渐进入能源开发行列。我国从 20 世纪 60 年代开始利用地热能，核能的利用从 20 世纪 80 年代开始，页岩气的利用则方兴未艾。煤炭在我国一次能源消费结构中一直占绝对优势，然而随着石油、天然气、核能在一次能源结构中的比例逐渐加大，特别是近些年新能源产业的发展，煤炭在我国能源消费结构中的比例有所降低，但仍占主要地位。能源矿产不仅仅是作为能源材料用于燃烧和提供动力，同时也是重要的工业原料。一定程度上来讲，诸如煤炭、石油和天然气等能源矿产仅仅作为燃料，也是一种资源浪费。

思 考 题

(1) 简述能源矿产的概念，并列出几种常见的能源矿产。

(2) 简述能源矿产在国民经济发展中的地位及在社会发展中的作用。

(3) 简述我国矿产资源的特点。

第2章 煤　炭

我国是世界上发现和利用煤炭最早的国家，大约从新石器时代开始开发和使用煤炭，7 000多年前就开始批量生产煤精制品。在辽宁新乐 6 200 a 前的古文化遗址和陕西的周墓中，都发现过煤制工艺品。在河南西汉冶铁遗址中曾发现模制煤饼。公元前 500 年的春秋战国时期称煤为石涅，魏晋时期称煤为石墨，唐宋时期称煤为石炭，明朝开始有煤的名称。《天工开物》中，按粒度和用途对煤进行了分类，并指明煤的块径和产地，对开拓、采煤、支护、通风及瓦斯排放等技术也有相当详细的记载。图 2-1 所示为《天工开物》中有关煤炭开采的技术图解。

图 2-1　《天工开物》中有关煤炭开采的技术图解

我国煤炭资源十分丰富，埋深小于 2 000 m 的煤炭资源量约为 5.5 万亿 t。当然，煤炭的储量是不断变化的，随着勘探的进行，会有新的煤炭资源被发现。随着煤炭开采技术水平的提高，原本不具备开采价值的煤炭也有可能被开采出来并加以利用。所以，煤炭资源的开采年限是一个动态的数据，与煤炭资源剩余储量及地质条件、勘探新增储量、经济社会发展阶段、科学技术水平等有关。

1949年，我国的煤炭产量仅3 240万t。1957年，我国在第一个五年计划结束时的煤炭产量达到1.31亿t。改革开放开始的1978年全国产煤6.18亿t。改革开放以来，由于我国经济的快速发展，煤炭行业得到了空前发展，到2015年我国煤炭产量已经达到37.5亿t，2018年全国煤炭产量为36.8亿t。截至2015年年底，全国煤矿共1.08万处。其中，年产120万t以上的大型矿井1 050处，比2010年增加了400处，产量比例由58%提高到68%；年产30万t及以下的小型矿井7 000多处，比2010年减少了4 000多处，产量比例由21.6%下降到10%左右；大型现代化矿井产量比例不断提高。全国煤矿百万吨死亡率从2010年的0.803降低到2021年的0.044，安全生产形势持续好转。

我国能源矿产资源赋存的特点是相对富煤、贫油、少气，这一特点决定煤炭在我国能源消费结构中占主导地位，预计这一现状在2050年前不会有根本性的变化。目前，我国是世界煤炭消费量最多的国家，煤炭消费量接近世界总消费量的一半，2021年煤炭在我国一次能源消费中的比例达到了56%，远高于世界平均水平。煤炭行业已经成为我国国民经济发展的支柱产业，在我国能源工业中具有不可替代的地位。

《煤炭工业发展"十三五"规划》指出，"煤炭是我国的基础能源和重要原料。煤炭工业是关系国家经济命脉和能源安全的重要基础产业。在我国一次能源结构中，煤炭将长期是主体能源。"煤炭是确保国家能源安全的战略资源，也是我国经济社会可持续发展的保障。

2.1 煤炭基本知识

2.1.1 煤的成因及分类

(1) 煤的形成

煤是古代植物遗体在不透空气或空气不足的情况下受到地下的高温和高压作用而变质形成的固体矿产。煤是固体可燃矿产，富含碳，所以称为煤炭。煤炭一般埋藏在地下，只是埋藏深度有深有浅，一般是开采出来以后再加工利用。图2-2所示为煤炭的开采、加工及利用示意。

(a) 正在被开采的煤炭；(b) 开采出来的煤炭；(c) 煤块；(d) 加工后的蜂窝煤。

图2-2 煤炭的开采、加工及利用示意

植物从死亡、堆积到转变为煤的演变过程，以及在该演变过程中经受的各种作用，称为成煤作用。在地质历史中，形成煤炭资源的时期，称为聚煤期或成煤期。我国在石炭纪、二叠纪、侏罗纪、古近纪和新近纪等地质年代均有煤炭形成。

在我国地质历史中，曾多次出现利于成煤的地质条件。在地球历史上最早的太古宙，最低等的原始生物刚刚产生，没有植物，谈不上煤的生成。在元古宙，我国最古老的煤——石煤生成。石煤的灰分很高。

煤的形成大致分为泥炭化作用（或泥化作用）和煤化作用两个阶段，如图 2-3 所示。

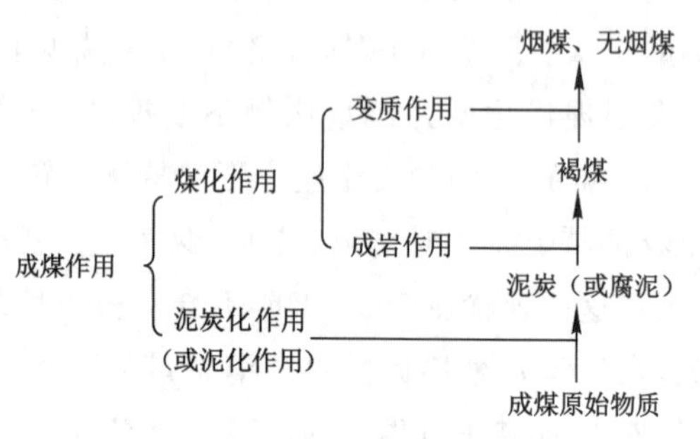

图 2-3　成煤作用简图

第一阶段为泥炭化作用阶段。在泥炭沼泽、湖泊及浅海岸等地带，植物生长繁茂，并不断繁殖、生长和死亡，其遗体在微生物参与作用下不断分解、化合和聚积。这一阶段主要发生生物地球化学作用，高等植物形成泥炭、低等植物形成腐泥。

第二阶段为煤化作用阶段。随着地壳的沉降，已经形成的泥炭或腐泥的覆盖物越来越厚，泥炭或腐泥经过高温高压作用，泥炭层被压紧失水，碳含量增加，氢、氧、氮含量逐渐减少，经过复杂的物理化学作用就形成了褐煤，如图 2-4 所示。泥炭或腐泥被掩埋后，在压力、温度等因素作用下转变为褐煤的作用，称为成岩作用。

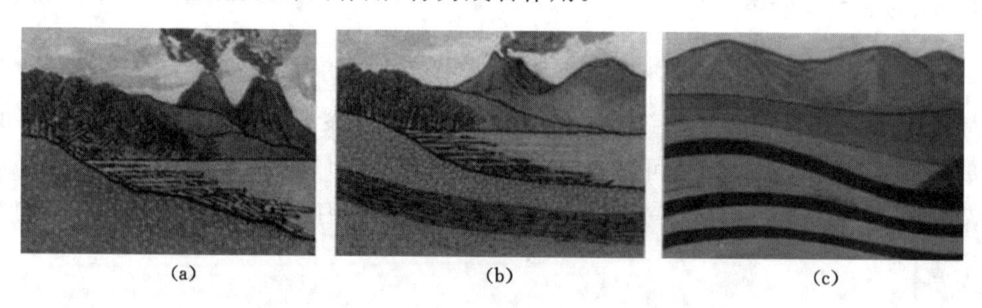

(a) 植物堆积阶段；(b) 泥炭化作用阶段；(c) 煤化作用阶段。

图 2-4　煤的形成过程

褐煤形成后，如果地壳仍不断下沉，在不断增高的温度和压力作用下，褐煤的内部分子结构、物理和化学性质等随之变化，碳含量相对增多，氢、氧、氮含量进一步减少，腐殖酸完全丧失，则可形成烟煤并进入变质阶段。烟煤如果受到更高温度和压力的长期作用，就会变质为无烟煤。褐煤在地下受温度、压力、时间等因素的影响，转变为烟煤或无烟煤、石墨等的地球化学作用，称为变质作用。煤的成岩作用和变质作用，合称为煤化作用。

煤在地壳中的积聚，主要依靠古气候、古地理地貌和地质作用等条件的良好配合。形成有开采价值的煤层，必须具备以下 4 个条件：

第一，植物条件。在漫长的地质历史中，成煤的时期都是有植物大量繁殖的时代，如我国最主要的几个聚煤时期——石炭纪、二叠纪、侏罗纪、古近纪和新近纪。如果没有植物的大量繁殖，就不可能有煤形成。

第二，气候条件。植物生长直接受气候条件影响，只有在温暖潮湿的气候条件下，植物才能大量繁殖和快速生长。

第三，地理环境。要形成分布面积较广的煤层，必须有能够适宜植物大面积不断繁殖和遗体堆积的地理环境，以及植物遗体免遭完全氧化的自然地理条件。

第四，地壳运动。地壳运动影响聚煤盆地中泥炭层的形成、保存和转化。泥炭层的形成要求地壳缓慢下沉，其下沉速度大致等于植物遗体的堆积速度，这种均衡状态持续越久，形成的泥炭层越厚。如果地壳下沉速度大于植物遗体堆积速度，则沼泽水体不断加深，聚煤作用中断，泥炭层就被泥沙覆盖，逐渐形成煤层顶板或夹矸。反之，地壳下沉速度小于植物遗体堆积速度，则泥炭层不断升高，泥炭就会遭到风化剥蚀。如果地壳下沉速度时快时慢，则可能形成煤层群。

现在世界上绝大多数的煤，都是在古生代的石炭纪和二叠纪、中生代的侏罗纪、新生代的古近纪和新近纪形成的。古生代的石炭纪、二叠纪，孢子植物繁茂，是主要聚煤期之一，我国在这个时期形成的煤田有开滦、峰峰、淮南、平顶山、兖州、徐州等煤田，成煤时间距今 2.5 亿～3.5亿 a；中生代的侏罗纪，裸子植物繁茂，是主要聚煤期之一，我国在这个时期形成的煤田有大同、阜新、鹤岗、新疆、鸡西等煤田，成煤时间距今 1.4 亿～1.9 亿 a；新生代的古近纪和新近纪，被子植物繁茂，我国在这个时期形成的煤田有抚顺、小龙潭、新竹等煤田，成煤时间虽然较晚，但是距今也有 200 万～6 000 万 a。

由于煤炭形成的具体环境和条件不同，煤田范围、煤层数目、煤层间距、煤炭储量以及在地下的赋存状态等差别很大。若要进行煤炭的安全高效开采，就必须弄清与煤层相关的岩层及其赋存情况。

(2) 煤的元素组成

煤是由有机物质和无机物质混合组成的。煤中的有机物质主要由碳(C)、氢(H)、氧(O)、氮(N)4 种元素构成。还有一些元素则组成煤中的无机物质，主要有硫(S)、磷(P)以及稀有元素等。

碳是煤中有机物质的主导成分，也是最主要的可燃成分。一般来说，煤中碳含量越高，煤的发热量越大。一般而言，随着变质程度的加深，煤中的碳含量逐渐增加。例如，泥炭中的碳含量为 50%～60%，褐煤中的碳含量为 60%～75%，烟煤中的碳含量则增至 75%～90%，到变质程度最高的无烟煤，其碳含量则高达 90%～98%。碳在完全燃烧时生成二氧化碳(CO_2)，每千克纯碳可放出热量 32 866 kJ；而在不完全燃烧时则生成一氧化碳(CO)，每千克纯碳仅放出热量 9 270 kJ。

氢也是煤中重要的可燃成分。氢的发热量比碳要高许多，每千克纯氢燃烧的发热量可超过 120 370 kJ，是纯碳完全燃烧发热量的近 4 倍。与碳相反，煤中氢含量一般随变质程度的加深而减少。正因为如此，变质程度最深的无烟煤，其发热量还不如某些优质的烟煤。

氧是煤中不可燃的成分。随着变质程度的加深，煤中的氧含量逐渐减少。例如，泥炭中的氧含量高达30%～40%，褐煤中的氧含量为10%～30%，而在烟煤中氧含量仅为2%～10%，无烟煤中氧含量则更少。

煤中氮含量较低，仅为1%～3%。煤中的氮主要来自成煤植物。在煤燃烧时，氮常呈游离状态逸出，不产生热量。但在炼焦过程中，氮能转化成氨及其他含氮化合物。

硫是煤中的有害成分。煤中的硫可以分为无机硫、有机硫和元素硫三大类。无机硫多以硫化物和硫酸盐形式存在，如黄铁矿、白铁矿和石膏。有机硫则是直接结合在有机母体中的硫。煤中有机硫、无机硫和元素硫的总含量称为煤的全硫含量（S_t）。在进行煤炭资源评价时，可以根据干燥基全硫分（$S_{t,d}$），把煤分为特低硫煤（$S_{t,d}\leqslant 0.50\%$）、低硫煤（$0.51\%\leqslant S_{t,d}\leqslant 1.00\%$）、中硫煤（$1.01\%\leqslant S_{t,d}\leqslant 2.00\%$）、中高硫煤（$2.01\%\leqslant S_{t,d}\leqslant 3.00\%$）和高硫煤（$S_{t,d}>3.00\%$）。

磷也是煤中的有害成分。磷在煤中的含量一般不超过1%。炼焦时，煤中的磷可全部转入焦炭之中，炼铁时焦炭中的磷又转入生铁中。这不仅会增加溶剂和焦炭的消耗量，降低高炉生产率，还会严重影响生铁的质量，使其发脆。因此，一般规定炼焦用煤中的磷含量不应超过0.01%。

煤中含有的稀有元素有锗（Ge）、镓（Ga）、铍（Be）、锂（Li）、钒（V）以及放射性元素铀（U）等，一般含量甚微。

（3）常用的煤质指标

在煤的利用中，常用的煤质指标有水分、灰分、挥发分和发热量。

水分是煤中的不可燃成分，按它的来源可划分为外部水分、内部水分和化合水分。煤中水分的高低取决于煤的内部结构和外界条件。水分高的煤发热量低，不易着火和燃烧，而且在燃烧过程中水分的汽化要吸收热量，会降低炉膛的温度，从而使锅炉的热效率下降，且易在低温处腐蚀设备；水分高的煤还易使制粉设备难以工作，需要用高温空气或烟气进行干燥。

灰分是指煤完全燃烧后其中矿物质的固体残余物。灰分的来源：一是形成煤的植物本身的矿物质和成煤过程中进入的外来矿物杂质；二是开采运输过程中掺杂进来的灰、沙、土等矿物质。煤的灰分几乎对煤的燃烧、加工、利用的全部过程都不利。为了控制排烟中粉尘的浓度，保护大气环境，对烟气必须进行除尘处理。

在隔绝空气的条件下，将煤加热到850 ℃左右，从煤中有机物质分解出来的液体和气体产物称为挥发分。煤的挥发分常随着煤的变质程度不同而有规律地变化，变质程度越高的煤，挥发分越低。挥发分高的煤易着火、燃烧。

单位质量煤完全燃烧时所放出的热量称为煤的发热量。煤的发热量因煤种不同而发生变化，水分、灰分高的煤的发热量一般较低。煤的发热量的单位是MJ/kg，但是我国习惯使用大卡（kcal）/kg。

国际上为了统一能源度量单位，引入了标准煤和油当量的概念。发热量为7 000 kcal（或29.27 MJ）的任何能源均可折算为1 kg标准煤；发热量为10 000 kcal（或41.8 MJ）的任何能源均可折算成1 kg油当量。例如,2015年我国的一次能源生产总量为36.2亿t标准煤,然而实际上2015年我国原煤的产量即达到37.5亿t,这说明我国的原煤发热量远达不到7 000 kcal/kg,即使把所有一次能源的发热量全算到一起才能相当于36.2亿t标准煤的水平。

(4) 煤的工业分类

我国煤炭资源丰富、煤种齐全,为了正确区分煤的工业用途、科学合理地利用煤炭资源,就必须根据煤化程度和煤工艺性能对煤炭进行工业分类。我国现行煤炭分类国家标准《中国煤炭分类》(GB/T 5751—2009)给出的中国煤炭分类简表,如表2-1所示。

表2-1 中国煤炭分类简表

类别	代号	编码	分类指标					
			V_{daf}/%	G	Y/mm	b/%	P_M/%ⓑ	$Q_{gr,maf}$ⓒ/(MJ/kg)
无烟煤	WY	01,02,03	≤10.0					
贫 煤	PM	11	>10.0~20.0	≤5				
贫瘦煤	PS	12	>10.0~20.0	>5~20				
瘦 煤	SM	13,14	>10.0~20.0	>20~65				
焦 煤	JM	24 15,25	>20.0~28.0 >10.0~28.0	>50~65 >65ⓐ	≤25.0	≤150		
肥 煤	FM	16,26,36	>10.0~37.0	(>85)ⓐ	>25.0			
1/3焦煤	1/3JM	35	>28.0~37.0	>65ⓐ	≤25.0	≤220		
气肥煤	QF	46	>37.0	(>85)ⓐ	>25.0	>220		
气 煤	QM	34 43,44,45	>28.0~37.0 >37.0	>50~65 >35	≤25.0	≤220		
1/2中黏煤	1/2ZN	23,33	>20.0~37.0	>30~50				
弱黏煤	RN	22,32	>20.0~37.0	>5~30				
不黏煤	BN	21,31	>20.0~37.0	≤5				
长焰煤	CY	41,42	>37.0	≤35			>50	
褐 煤	HM	51 52	>37.0				≤30 >30~50	≤24

ⓐ 在$G>85$的情况下,用Y值或b值来区分肥煤、气肥煤与其他煤类,当$Y>25.0$ mm时,根据V_{daf}的大小可划分为肥煤或气肥煤;当$Y\leqslant 25.0$ mm时,则根据V_{daf}的大小可划分为焦煤、1/3焦煤或气煤。按b值划分类别时,当$V_{daf}\leqslant 28.0\%$时,$b>150\%$的为肥煤;当$V_{daf}>28.0\%$时,$b>220\%$的为肥煤或气肥煤。如按b值和Y值划分的类别有矛盾时,以Y值划分的类别为准。

ⓑ 对$V_{daf}>37.0\%$,$G\leqslant 5$的煤,再以透光率P_M来区分其为长焰煤或褐煤。

ⓒ 对$V_{daf}>37.0\%$,$P_M>30\%\sim 50\%$的煤,再测$Q_{gr,maf}$,如其值大于24 MJ/kg,应划分为长焰煤,否则为褐煤。

该分类采用的分类指标共有6个分类参数,共分为两类:一类为用于表征煤化程度的参数,包括干燥无灰基挥发分(V_{daf})、恒湿无灰基高位发热量($Q_{gr,maf}$)、低煤阶煤透光率(P_M);另一类为表征煤工艺性能的参数,包括烟煤的黏结指数(G)、烟煤的胶质层最大厚度(Y)和烟煤的奥阿膨胀度(b)。前者用于划分无烟煤、烟煤和褐煤;后者则用于烟煤的进一步划分。

不同种类的煤有不同的用途,不同的工业用煤对煤质都有一系列的特定要求和评价标准。我国煤炭的工业分类中各煤类的基本性质和主要用途如表 2-2 所示。

表 2-2　各煤类的基本性质和主要用途一览表

煤类	符号	基本性质	主要用途
无烟煤	WY	碳含量最高,密度最大,无黏结性	常作为动力或民用燃料,也可作为制造合成氨、电石、电极等的工业原料
贫　煤	PM	无黏结性或微弱黏结性	一般作为动力或民用燃料
贫瘦煤	PS	黏结性较弱,结焦性比典型瘦煤差	一般作为动力或民用燃料,也可作为炼焦配煤
瘦　煤	SM	黏结性中等,单独炼焦时能得到块度大、裂纹少、抗碎强度较高的焦炭,但耐磨性较差	可作为炼焦用煤(配煤)
焦　煤	JM	黏结性很强,单独炼焦时能得到块度大、裂纹少、抗碎强度高的焦炭,耐磨强度高,但推焦困难	常作为炼焦用煤(配煤)
1/3 焦煤	1/3JM	单独炼焦时能得到熔融性良好、强度较高的焦炭	常作为炼焦用煤(基础煤)
肥　煤	FM	黏结性很强,单独炼焦时能得到熔融性好、强度高的焦炭,耐磨强度高	常作为炼焦用煤(基础煤)
气肥煤	QF	单独炼焦时能产生大量气体和液体化学产品,黏结性强	可作为炼焦用煤(配煤)或气化用煤
气　煤	QM	黏结性较强,单独炼焦时得到的焦炭呈细长条,纵裂纹较多,抗碎强度和耐磨强度均比其他炼焦用煤差	可作为炼焦配煤或气化用煤
1/2 中黏煤	1/2ZN	黏结性中等,单独炼焦时得到的焦炭部分有一定强度、部分强度差	一般作为气化用煤或动力用煤,也可作为炼焦配煤
弱黏煤	RN	黏结性很弱	一般作为气化原料或动力燃料
不黏煤	BN	加热时基本不产生胶质体,无黏结性	可作为气化原料或动力和民用燃料
长焰煤	CY	黏结性差	可作为气化原料或动力和民用燃料
褐　煤	HM	水分含量高,在空气中易风化,碳含量低,故发热量也较低,密度最小,无黏结性	一般作为动力或民用燃料,也可作为化工和气化原料

2.1.2　我国煤炭资源的分布

我国煤炭资源丰富,成煤年代多,分布广,煤种齐全。除上海市外,中国内地其余 30 个省、市、自治区都有不同数量的煤炭资源。按 1997 年完成的《全国第三次煤炭资源预测与评估》结果,我国埋深小于 2 000 m 的煤炭资源量约为 55 663 亿 t。据《2017 中国土地矿产海洋资源统计公报》，截至2016年年底，全国煤炭查明资源储量15 980.01亿t。

我国在地质历史上的成煤期共有14个，其中，有4个最主要的成煤期，即广泛分布在华北一带的晚石炭纪—早二叠纪，南方各省的晚二叠纪，华北北部、东北南部和西北地区的早中侏罗纪以及东北地区、内蒙古东部的晚侏罗纪—早白垩纪等4个时期。它们所赋存的煤炭资源量分别占我国煤炭资源量的26%、5%、60%和7%，合计占98%。上述4个最主要的成煤期中，晚二叠纪我国南方形成了有工业价值的煤炭资源，其他3个成煤期我国华北、西北和东北地区形成了极为丰富的煤炭资源。

我国煤炭资源虽然丰富，但分布极不均衡。在我国北方的大兴安岭—太行山、贺兰山之间的地区，地理范围包括内蒙古、山西、陕西、宁夏、甘肃、河南6省区的全部或大部，是我国煤炭资源集中分布的地区，其资源量占全国煤炭资源量的50%左右，占我国北方地区煤炭资源量的55%以上。在我国南方，煤炭资源主要集中于云南、贵州、四川三省，这三省煤炭资源量之和占我国南方煤炭资源量的90%以上。

我国各地区煤炭品种和质量变化较大。在漫长的地质演变过程中，煤田受到多种地质因素的影响，并且由于成煤年代、成煤原始物质、还原程度及成因类型上的差异，以及各种变质作用并存，我国煤炭品种多样化，从低煤化程度的褐煤到高煤化程度的无烟煤都有赋存。按煤种分类，炼焦煤类占27.65%，非炼焦煤类占72.35%。其中，炼焦煤在地区上分布不平衡，瘦煤、焦煤、肥煤有一半左右集中在山西，而拥有大型钢铁企业的华东、中南、东北地区炼焦煤则很少。而且在东北地区，钢铁工业大多分布在辽宁，而炼焦煤大多分布在黑龙江；在西南地区，钢铁工业大多分布在四川，而炼焦煤主要集中在贵州。

我国煤炭资源量虽然较多，但探明程度低，人均占有储量较少。另外，适于露天开采的煤炭储量少，仅占总储量的7%左右，其中70%是褐煤，主要分布在内蒙古、新疆和云南。此外，我国煤炭资源和现有生产力呈逆向分布，造成了“北煤南运”和“西煤东调”的被动局面。大量煤炭自北向南、由西到东长距离运输，给煤炭生产和运输造成了极大的压力。

2014年，国务院发布《能源发展战略行动计划（2014—2020年）》，确定重点建设晋北、晋中、晋东、神东、陕北、黄陇、宁东、鲁西、两淮、云贵、冀中、河南、内蒙古东部、新疆等14个亿吨级大型煤炭基地，共包含102个矿区。2015年，14个大型煤炭基地产量占全国总产量的92.3%左右。

(1) 神东亿吨级煤炭基地

神东亿吨级煤炭基地位于陕西省北部、晋陕内蒙古三省（区）交界地带，以神府、东胜两大矿区为主。神府煤田位于陕西省榆林市，面积约2.6×10^4 km^2，探明储量1 349.4亿t。东胜煤田位于内蒙古自治区鄂尔多斯市境内，面积约1.28×10^4 km^2，探明储量2 236亿t。两个煤田连为一体，是我国已探明储量最大的整装煤田。神府—东胜煤田的煤为世界少见的优质动力煤。2005年，中国神华能源股份有限公司神东煤炭分公司（以下简称神东分公司）原煤产量突破1亿t，成为全国第一个亿吨级煤炭生产基地。

神东分公司建成了以大柳塔煤矿、补连塔煤矿、榆家梁煤矿、上湾煤矿等为代表的7个千万吨级矿井群。其中，大柳塔煤矿年产原煤超过2 000万t，被誉为“世界第一矿”；哈拉沟煤矿只有100人，年产原煤却高达1 000万t，是我国乃至世界上首个百人千万吨级煤矿。

(2) 晋北亿吨级动力煤基地

晋北亿吨级动力煤基地位于山西省太原市以北地区，包括大同市、朔州市、忻州市、太原市、娄烦县、吕梁市和岚县，由大同、平朔、朔南、轩岗、河保偏和岚县等6个矿区组成，是我国特大型动力煤基地。其中，平朔矿区是晋北亿吨级动力煤基地的主要矿区，拥有煤炭资源量近95亿t；大同矿区已探明的煤炭资源量达376.9亿t，煤炭储量大、质量好、发热量高，现有生产煤矿55处，设计总规模45 Mt/a。

(3) 晋中亿吨级煤炭基地

晋中亿吨级煤炭基地处于山西省中部及中西部，跨太原、吕梁、晋中、临汾、长治、运城6个市的31个县(市)，包括西山、东山、汾西、霍州、离柳、乡宁、霍东、石隰矿区，煤炭可采储量192亿t。其中，西山矿区可利用储量65.2亿t，汾西矿区地质储量58亿t，霍州矿区地质储量65亿t。

(4) 晋东亿吨级无烟煤基地

晋东亿吨级无烟煤基地位于山西阳泉、长治、晋城和晋中等市县境内，由晋城、潞安、阳泉和武夏4个矿区组成，是我国最大和最重要的优质无烟煤生产基地。其中，晋城矿区探明储量44.81亿t，阳泉矿区探明地质储量104亿t。

(5) 内蒙古东部亿吨级煤炭基地

内蒙古东部亿吨级煤炭基地位于内蒙古自治区东部的呼伦贝尔市、通辽市、赤峰市、兴安盟和锡林郭勒盟，总面积约66.49 km^2，煤炭资源丰富，探明储量909.6亿t。其中，霍林河煤田保有煤炭储量131亿t，元宝山煤田保有煤炭储量16亿t，伊敏煤田探明煤炭储量50亿t。在全国五大露天煤矿中，伊敏、霍林河、元宝山三大露天煤矿均位于内蒙古东部地区。

(6) 两淮亿吨级大型煤电基地

两淮亿吨级大型煤电基地处于安徽省北部，包括淮南市、淮北市、宿州市和阜阳市，主要由淮南、淮北两个矿区组成，探明煤炭储量近300亿t。其中，淮南矿区探明储量153亿t，淮北矿区探明储量98亿t。

(7) 云贵亿吨级煤炭基地

云、贵两省是我国南方重要的煤炭生产基地。贵州省的南、北盘江腹地初步探明煤炭储量330亿t；云南省的文山、红河两州煤炭储量超过50亿t。

(8) 冀中亿吨级煤炭基地

冀中亿吨级煤炭基地由开滦、峰峰和蔚县3个矿区组成，探明煤炭储量150亿t，可采储量20亿t以上。

(9) 鲁西亿吨级煤炭基地

鲁西亿吨级煤炭基地覆盖兖州、济宁、新汶、枣滕、龙口、淄博、肥城、巨野、黄河北9个矿区，探明煤炭储量160多亿吨。其中，兖州矿区煤炭储量36.6亿t，可采储量17.7亿t；巨野矿区包括巨野煤田和梁宝寺煤田，总地质储量55.7亿t。

(10) 河南亿吨级煤炭基地

河南亿吨级煤炭基地由鹤壁、焦作、义马、郑州、平顶山、永夏6个矿区组成，探明煤炭储量1 130 亿 t，保有储量 245 亿 t。其中，鹤壁矿区的煤炭资源累计探明储量 13.41 亿 t，保有储量 10.88 亿 t，可采储量 4.74 亿 t；焦作矿区预测煤炭储量 80 亿 t；平顶山矿区煤炭储量超过 100 亿 t。

（11）陕北亿吨级煤炭基地

陕北亿吨级煤炭基地主要包括榆神、榆横等矿区。榆神矿区位于神府矿区南部，面积约 5 500 km^2，探明储量 301 亿 t，是国内外罕见的可建设特大型现代化矿区的地区之一。榆横矿区面积约3 200 km^2，可采储量约 188.89 亿 t。

（12）宁东能源重化工基地

宁东能源重化工基地位于银川东部的灵武，主要包括鸳鸯湖、灵武、横城 3 个矿区，优质无烟煤储量达 273 亿 t。宁东煤田煤炭探明储量 270 多亿吨，占全区煤炭资源量的 85%；地质条件好，开采条件佳，采掘成本低；煤质优，是优良的动力和气化用煤。

（13）黄陇亿吨级煤炭基地

黄陇亿吨级煤炭基地包括彬长（含永陇）、黄陵、旬耀、铜川、蒲白、澄合、韩城、华亭矿区，探明煤炭储量近 150 亿 t，具备建设大型煤炭基地的条件。其中，黄陵矿区煤炭储量丰富，煤田总面积约 1 000 km^2，地质储量 20 亿 t，可采储量 15 亿 t，地质构造简单，埋藏较浅，开采方便。华亭矿区作为黄陇亿吨级煤炭基地的重要组成部分，已形成 20 Mt/a 的煤炭生产能力。

（14）新疆亿吨级煤炭基地

新疆的煤炭资源丰富，主要分布在准格尔地区、哈土—巴里坤地区、西天山地区和塔里木北缘地区；预测储量 21 900 亿 t，占全国预测储量的四成以上，居全国之首。

2.2　煤炭的开采

2.2.1　煤炭开采相关概念

（1）煤田和矿区

在地质历史发展过程中，同一地质时期形成并大致连续发育的含煤岩系分布区称为煤田。统一规划和开发的煤田或其一部分则称为矿区。

煤田更像是一个地质上的概念，其煤层形成时间一致、空间分布相近，在煤田内，煤层的数目、种类、厚度、赋存环境等方面具有连续性。煤田的范围很大，面积可达数百到数千平方千米，储量从数亿吨到上千亿吨。

根据国民经济发展的需要和行政区域的划分，利用地质构造、自然条件或煤田沉积的不连续性，或按勘探时期的先后，往往将一个大煤田划分为几个矿区来开发。比较小的煤田也可作为一个矿区开发，也有一个大矿区包括几个小煤田的情况。所以，矿区主要是从资源的区域分布、地质条件、社会需求、经济性等方面，人为地把煤田进行划分或者整合，形成一个统一规划、开发的区域，更侧重规划层面。

（2）井田

一般来讲，在实际生产过程中，一个矿区范围也比较大，需要划分成若干具体的生产单位，这个生产单位就是矿井。划分给这个矿井（或露天矿）开采的那一部分煤田，称为井田（矿田）。当然，一个矿井是一个完整的生产经营单位，往往具有法人资格。但是，对现代大型矿业集团公司来讲，所属矿井更像是它的一个生产车间。

煤田划分为井田，应根据矿区总体设计任务书的要求，结合煤层的赋存情况、地质构造、开采技术条件，保证各井田都有合理的尺寸和边界，使煤田的各部分都能得到合理开发。每一个矿井的井田范围、生产能力和服务年限的确定，是矿区总体设计中必须要解决好的一些关键问题。根据目前开采技术水平，一般小型矿井井田走向长度不小于 1 500 m，中型矿井不小于 4 000 m，大型矿井不小于 8 000 m。

(3) 矿井生产能力和井型

矿井生产能力，一般是指矿井的设计生产能力，以“Mt/a”(1 Mt/a=100 万 t/a)表示。有些生产矿井原来的生产能力需要改变，因而，要对矿井各生产系统的能力重新核定。核定后的综合生产能力，称核定生产能力。根据矿井设计生产能力不同，我国把矿井划分为特大型、大型、中型、小型 4 种井型。

① 特大型矿井：设计生产能力为 10.00 Mt/a 及以上。

② 大型矿井：设计生产能力为 1.20 Mt/a、1.50 Mt/a、1.80 Mt/a、2.40 Mt/a、3.00 Mt/a、4.00 Mt/a、5.00 Mt/a、6.00 Mt/a、7.00 Mt/a、8.00 Mt/a、9.00 Mt/a。

③ 中型矿井：设计生产能力为 0.45 Mt/a、0.60 Mt/a、0.90 Mt/a。

④ 小型矿井：设计生产能力为 0.09 Mt/a、0.15 Mt/a、0.21 Mt/a、0.30 Mt/a。

我国国有重点煤矿多为特大、大、中型矿井；地方国有煤矿多为中、小型矿井；乡镇煤矿多为小型矿井。

矿井年产量，是指矿井每年实际生产出来的煤炭量，其数值常常不同于矿井设计生产能力，而且每年的产量常不相等。

矿井井型大小，直接关系基建规模和投资多少，影响到矿井整个生产时期的技术经济面貌。正确地确定井型是矿区总体设计和矿井设计的一个重要问题。

为有效遏制煤矿重特大事故多发的势头，国家加大了整顿关闭不具备安全生产条件和非法煤矿的工作力度，不断推进煤炭资源的整合工作，要求山西、内蒙古、陕西三省（区）的资源整合矿井的生产能力不低于 0.3 Mt/a，新疆、甘肃、青海、宁夏、北京、河北、东北及华东等地区不低于 0.15 Mt/a，西南和中南地区不低于 0.09 Mt/a。

2008 年，针对省内煤炭工业“多、小、散、低”的发展格局，山西省下发了《山西省人民政府关于加快推进煤矿企业兼并重组的实施意见》，拉开了山西省煤炭资源整合的序幕。2010 年，山西省 70%的矿井生产能力达到 0.9 Mt/a 以上，0.3 Mt/a 以下的小煤矿全部被淘汰，平均单井生产能力由 0.3 Mt/a 提高到 1.0 Mt/a 以上，保留矿井全部实现机械化开采。2012 年，山西省煤炭工业厅要求，全省新建矿井设计生产能力不低于 1.20 Mt/a，改、扩建井工煤矿不低于 0.90 Mt/a，整合井工煤矿不低于 0.60 Mt/a。

(4) 露天开采和地下开采

直接从地表揭露并采出煤炭的方法，叫作露天开采。反之，需要从地面开掘井巷进入地下采出煤炭的方法，称为地下开采。露天开采和地下开采在进入矿体的方式、生产组织、采掘运输工艺等方面截然不同，露天开采需要先将覆盖在矿体之上的岩石或表土剥离掉，之后才能开采煤炭。

当煤层厚度达到一定值，直接出露于地表或其覆盖层较薄，开采煤层与覆盖层采剥量之比在经济上合理时，就可以考虑采用露天开采。

露天开采一般机械化程度高、产量大、效率高、成本低、工作相对安全，但受气候条件影响较大，需要进行大量基建剥离工作，基建投资较大。因此，露天开采只能在覆盖层较薄、煤层的厚度较大时采用。由于受资源条件的限制，我国露天开采产量比例较小。图 2-5 为黑岱沟露天煤矿现场图。

图 2-5 黑岱沟露天煤矿现场图(据乔玮等)

煤矿地下开采，也称井工开采。它需要开凿一系列井巷进入地下煤层，才能进行采煤。由于是地下作业，工作空间受限制，采掘工作地点不断移动和交替，并且受到地下的水、火、瓦斯、煤尘以及煤层围岩塌落等威胁。因此，地下开采比露天开采技术上要更复杂和困难。

(5) 矿山井巷

为了从地面进入地下的煤层内进行采煤，并把采下的煤炭运出，需要在地层内掘进各种通道，这些通道被称作矿山井巷，如图 2-6 所示。

2.2.2 煤炭开采方法

我国煤层赋存条件多样，开采技术条件各异，因而促进了采煤方法的多样化发展。我国使用的采煤方法很多，是世界上采煤方法种类最多的国家。

采煤方法是采煤工艺与回采巷道布置及其在时间上、空间上相互配合的总称。根据不同的地质、开采技术条件，有不同的采煤工艺与回采巷道布置相配合，遂形成了多种多样的采煤方法。我国常用的主要采煤方法及其特征见表 2-3。

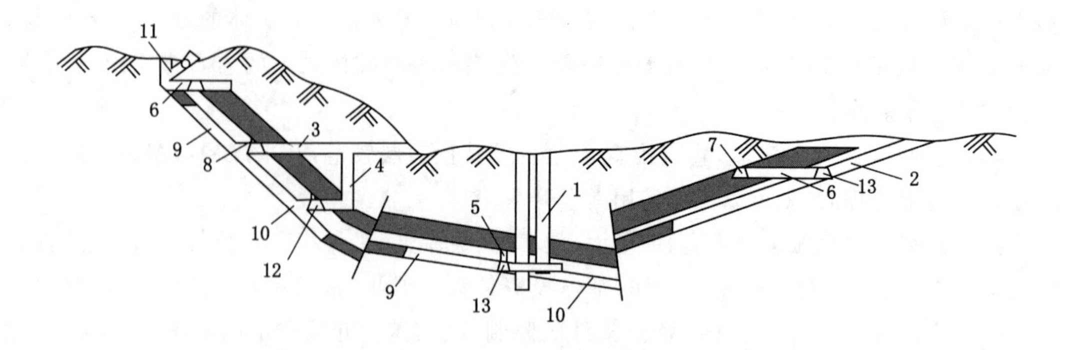

1—立井；2—斜井；3—平硐；4—暗立井；5—溜井；6—石门；7—煤门；
8—煤仓；9—上山；10—下山；11—风井；12—岩石平巷；13—煤层平巷。
图 2-6 矿山井巷

表 2-3 我国常用的主要采煤方法及其特征

序号	采煤方法	体系	整层/分层	推进方向	采空区处理方法	采煤工艺	适应煤层基本条件
1	单一走向长壁采煤法	壁式	整层	走向	垮落	综、普、炮采	薄及中厚煤层为主
2	单一倾斜长壁采煤法	壁式	整层	倾向	垮落	综、普、炮采	缓斜薄及中厚煤层
3	刀柱式采煤法	壁式	整层	走向或倾向	刀柱	普、炮采	缓斜薄及中厚煤层，顶板坚硬
4	大采高一次采全厚采煤法	壁式	整层	走向或倾向	垮落	综采	缓斜厚煤层
5	放顶煤采煤法	壁式	整层	走向	垮落	综采	缓斜厚煤层
6	倾斜分层长壁采煤法	壁式	分层	走向为主	垮落为主	综、普、炮采	缓斜、倾斜厚及特厚煤层为主
7	水平分层、斜切分层下行垮落采煤法	壁式	分层	走向	垮落	炮采	急斜厚煤层
8	水平分段放顶煤采煤法	壁式	分层	走向	垮落	综采为主	急斜特厚煤层
9	掩护支架采煤法	壁式	整层	走向	垮落	炮采	急斜厚煤层为主
10	水力采煤法	柱式	整层	走向或倾向	垮落	水采	不稳定煤层、急斜煤层
11	柱式体系采煤法	柱式	整层		垮落	炮采	非正规条件、回收煤柱

如图 2-7 所示，地下开采煤炭的工作场所，称作采煤工作面。采煤工作面有很多大型设备，如负责剥离煤层的采煤机、负责运输的刮板输送机、负责维护工作空间安全的液压支架等，还有一些供电、通信、供水、通风等辅助设备。在现代化矿井中，基本实现了这些设备的自动化控制。

目前，我国的采煤机械化程度非常高，自动化程度也在不断提高，智能化采煤工艺亦在不断发展，煤矿工人只是现代化采煤的规划者和采煤机械的操作者，甚至在现代化的智能

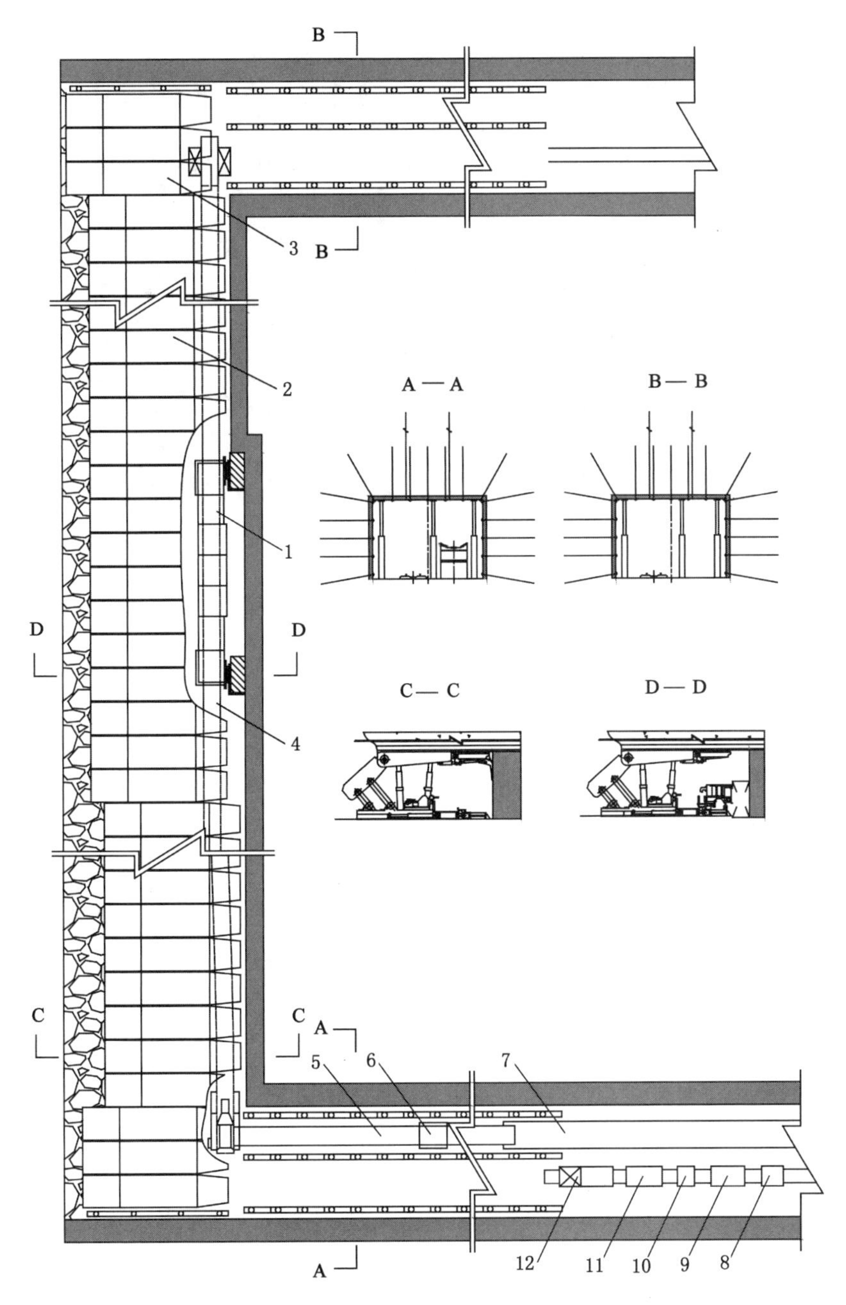

1—采煤机;2—中部液压支架;3—端头液压支架;4—刮板输送机;
5—转载机;6—破碎机;7—带式输送机;8—喷雾泵站;9—移动变电站;
10—乳化液泵站;11—设备列车;12—集中控制台。

图 2-7 采煤工作面布置图

采煤工作面只能见到很少的巡查人员。以往脏、乱、差、累、危险的工作条件不复存在,煤矿形象不断好转。图 2-8 为井下采煤工作面场景。

图 2-8 井下采煤工作面场景

2.2.3 煤矿生产系统

矿井生产系统是完成特定功能的设施、设备、构筑物、线路和井巷的总称，由矿井的运煤、通风、运料、排矸、排水、动力供应、通信、监测等子系统组成。

图 2-9 为走向长壁采煤法的巷道布置系统。

(1) 运煤系统

自采煤工作面 25 采下的煤，经区段运输平巷 23、运输上山 16，到采区煤仓 11，经开采水平运输大巷 10、运输石门 5，到达井底车场 3，由主井 1 提升到地面。上述运煤系统可简单表示为：采煤工作面 25 采下的煤→23→16→11→10→5→3→1→地面。

目前，现代化大型矿井的煤炭井下运输基本实现胶带化，机械化和自动化程度非常高，如图 2-10 所示。

(2) 通风系统

矿井通风系统可简单表示为：

新鲜风流：地面→2→3→4→9→13→14→18→21→22→23→采煤工作面 25。

污风：采煤工作面 25→24→28→8→7→6→地面。

(3) 运料、排矸系统

采煤工作面所需材料、设备，用矿车经副井 2→3→4→9→13→14→19→24→采煤工作面 25。

采煤工作面回收的材料、设备和掘进工作面的矸石用矿车经与运料系统相反的方向运至地面。

(4) 排水系统

采煤工作面 25 的水→23→18→14→13→9→4→3(井底水仓)→2→地面。

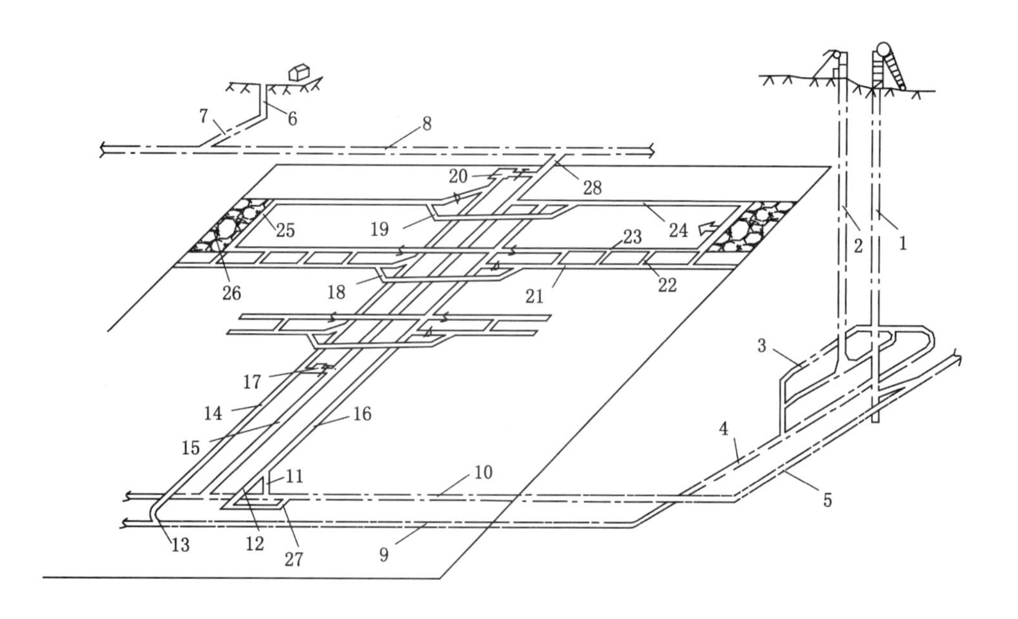

1—主井；2—副井；3—井底车场；4—轨道石门；5—运输石门；6—风井；
7—回风石门；8—回风大巷；9—轨道运输大巷；10—开采水平运输大巷；11—采区煤仓；
12—行人进风巷；13—采区下部车场；14—轨道上山；15—回风上山；16—运输上山；
17—采区变电所；18—采区中部车场；19—采区上部车场；20—绞车房；21—下区段回风平巷；
22—联络巷；23—区段运输平巷；24—区段回风平巷；25—采煤工作面；
26—开切眼；27—采区石门；28—采区回风石门。

图 2-9　走向长壁采煤法的巷道布置系统

图 2-10　井下带式输送机运煤场景

2.3 煤炭的加工利用

2.3.1 洁净煤技术

我国是煤炭生产和消费大国，煤炭是我国的主体能源。我国绝大部分的煤炭直接或间接地用于燃烧。据统计，我国煤炭直接燃烧的比例一直维持在80%以上，其余部分用于炼焦。煤炭不经处理而直接燃烧会放出大量的SO_2、NO_x、CO_2和烟尘，可能会造成严重的环境污染和生态破坏。据统计，我国每年排放的大气污染物中有80%的烟尘、87%的SO_2，以及67%的NO_x来自煤炭的直接燃烧。酸雨、温室效应、雾霾等环境问题与煤炭的燃烧都有一定的关系。据预测，未来几十年，煤炭在我国能源消费结构中的主导地位不会改变。同时，煤炭生产和利用过程中引发的环境问题也会日益突出。我国要实施可持续发展战略，打赢蓝天保卫战，恢复绿水青山，实现"经济"和"环境"双赢，首要的工作就是发展洁净煤技术。

洁净煤技术是指从煤炭开发到利用全过程中，旨在减少污染和提高利用效率的煤炭开采、加工、燃烧、转换和污染控制等新技术的总称，其技术体系如图2-11所示。由图2-11可以看出，洁净煤技术涵盖了煤炭从开采到使用终结的洁净生产和洁净消费的全过程，是使煤作为一种能源应达到最大限度的潜能利用，同时又将释放的污染物控制在最低水平，实现煤的高效、洁净利用的技术体系。

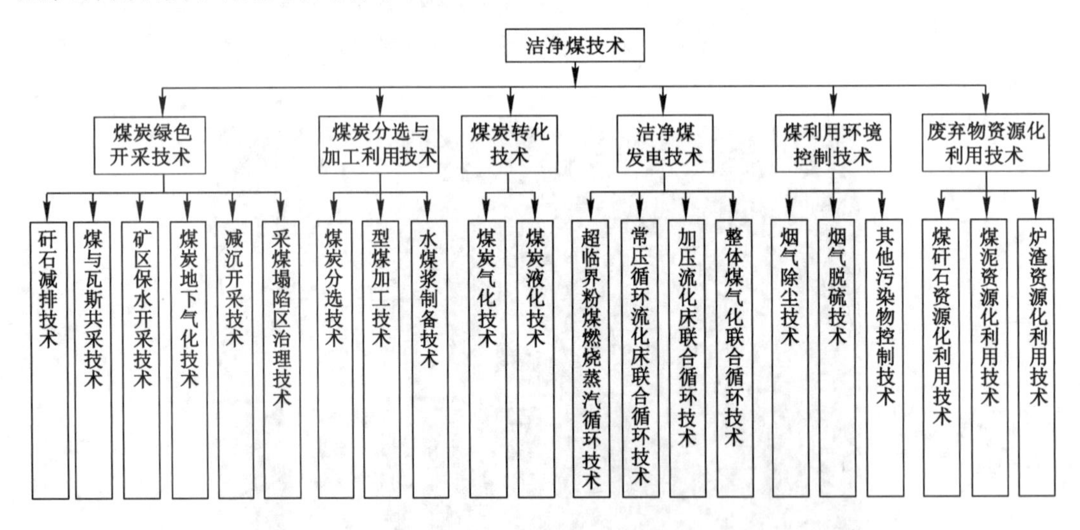

图2-11 洁净煤技术体系示意图

从洁净煤技术体系中可以发现：洁净煤技术涉及多学科的知识；煤炭的全生命周期体现环保和高效的理念；资源可实现充分利用；高新技术在煤炭的洁净化中发挥着重要作用。

2012年，我国制定了《洁净煤技术科技发展"十二五"专项规划》，指出要在煤炭提质与资源综合利用、高效洁净燃煤发电、煤基清洁燃料利用、高效燃煤与工业节能、队伍建设和平台建设等方面，突破关键技术瓶颈，开发出一批具有国际领先水平的新工艺、新技术，实现重大系统技术集成，为煤电、煤转化等重点示范工程和建设洁净煤技术战略性新兴产业提供技术支持，达到世界先进、领先水平。

2.3.2　煤炭的分选与加工

（1）煤炭分选

选煤是发展洁净煤技术的源头技术，它是应用物理、化学等方法降低原煤中的灰分、硫分等杂质的含量，并把它们加工成不同质量、规格的商品煤，以适应不同用户的需要。

在煤炭开采过程中，矸石经常混入煤中被提升至地面。因此，需要靠选煤来排除矸石，以及去除原煤中的其他杂质，从而改善和保证煤炭产品质量。不同的煤炭用户对煤炭的质量规格有特定要求。通过选煤生产多种煤炭产品，才能保证煤炭的合理使用，提高能源利用效率，减少资源浪费。选煤可以就地排除煤中矸石和其他杂质，大幅度减轻运输负担，同时为综合利用煤炭副产品（煤矸石、煤泥等）创造条件。同时，煤炭燃烧产生的大量 SO_x、CO_x、NO_x和烟尘，是大气环境的主要污染源。经过分选，可去除煤炭中大部分的灰分和50％～70％的黄铁矿，从而减少煤炭燃烧对大气的污染。

选煤方法有很多，按分选过程所利用介质状态的不同，选煤方法可分为湿法选煤和干法选煤。湿法选煤是以水、重悬浮液或其他液态流体作为分选介质的一类选煤方法。该方法广泛应用，但耗水量大。干法选煤以空气作为分选介质，在严重缺水的地区是一种切实可行的选煤方法。按煤与矿物分离的原理不同，选煤方法可分为重力选煤、浮游选煤及其他的一些特殊选煤方法。重力选煤，是利用煤与矿物间密度的差异，在水或重介质（重液、重悬浮液）和空气（干法）介质中进行分选的方法。浮游选煤，简称浮选，是利用煤与矸石表面物理化学性质上的差异进行分选的，通常有泡沫浮选和多油浮选等。特殊选煤主要是利用煤与矸石的电导率、磁导率、摩擦系数、射线穿透能力等的不同，把煤和矸石分开的。

经过分选的煤，可以进一步采用化学方法进行脱硫，如热解法脱硫、碱法脱硫、气体脱硫、氧化脱硫等。

原煤经分选后，可以形成不同质量的煤炭产品，主要有精煤、中煤、尾煤、煤泥及粉煤。精煤是经选煤后获得的高质量产品，主要由低密度有机物质组成，是选煤过程的主导产品。不同品种的煤炭产品有不同的用途，价格差别也非常大。

（2）煤炭加工

煤炭加工主要包括型煤和水煤浆制备。型煤是指由粉煤或低品位煤加工成的具有一定形状、尺寸和理化性能的煤制品，分为民用型煤和工业型煤两类。与原煤直接燃烧相比，型煤烟尘量可减少50％以上，SO_2 排放量可减少40％～60％，热效率可提高20％～30％，节煤率在20％左右，具有节能和环保的双重效益，被称为“固体清洁燃料”。

水煤浆是指由粉煤、水和少量添加剂组成的煤基液态燃料。其中，煤占65％左右，水占35％左右，添加剂含量小于1％。水煤浆在制备过程中，需要进行净化处理。所以，它燃烧时具有效率高、SO_2 和 NO_x 排放量低的特点，是一种理想的代油洁净煤基流体燃料。

2.3.3 煤炭的转化

(1) 煤炭气化

煤炭气化是指在适宜的条件下将煤炭转化为气体燃料的技术。与煤炭地下气化不同，此处所指的煤炭气化主要是在地面进行的，需要将煤从地下开采上来后再进行转化。

在煤炭气化过程中，煤与水、氧化剂(空气或纯氧)发生化学反应，产生小分子可燃气体，主要有 CO、H_2 和 CH_4。氧化剂的作用是把煤部分氧化，产生由 CO 和 H_2 组成的合成气。气化反应主要有碳的氧化反应、水蒸气分解反应和甲烷生成反应。

碳的氧化反应有：

$$C+O_2 \longrightarrow CO_2$$

$$2C+O_2 \longrightarrow 2CO$$

$$C+CO_2 \longrightarrow 2CO$$

$$2CO+O_2 \longrightarrow 2CO_2$$

水蒸气分解反应有：

$$C+2H_2O \longrightarrow CO_2+2H_2$$

$$C+H_2O \longrightarrow CO+H_2$$

$$CO+H_2O \longrightarrow CO_2+H_2$$

甲烷生成反应有：

$$C+2H_2 \longrightarrow CH_4$$

$$CO+3H_2 \longrightarrow CH_4+H_2O$$

$$2CO+2H_2 \longrightarrow CH_4+CO_2$$

$$CO_2+4H_2 \longrightarrow CH_4+2H_2O$$

除了上述反应外，煤中的硫、氮等元素也会与氧化剂发生反应。

(2) 煤炭液化

煤炭液化是指把固体状态的煤炭经过一系列化学加工过程，转化成液体产品的洁净煤技术，可分为直接液化和间接液化两大类。在高压和一定温度下，让煤炭直接与氢气反应，把煤炭转化成液体油品，此工艺技术称为煤炭的直接液化。表 2-4 所列为煤炭直接液化的步骤与功能。如果先让煤炭气化转化成合成气，然后再在催化剂的作用下合成液体燃料，则为间接液化。液化产品主要是指汽油、柴油、液化石油气等烃类燃料，以及甲醇、乙醇等醇类燃料。

表 2-4　煤炭直接液化的步骤与功能

序　号	步　骤	条　件	功　能
1	加氢液化	高温、高压、氢气环境	桥键断裂、自由基加氢
2	固液分离	减压蒸馏、过滤、萃取、沉降	脱除无机矿物和未反应煤
3	提质加工	催化加氢	提高 H/C 原子比、脱除杂原子

典型的煤炭直接液化工艺有溶剂精炼煤(SRC-Ⅰ和SRC-Ⅱ)工艺、埃克森供氢溶剂(EDS)工艺、氢煤法(H-Coal)工艺、综合粗油精炼($IGOR^+$)工艺、催化两段液化(CTSL)工艺等。国外已经工业化的煤炭间接液化技术有南非Sasol公司的F-T合成技术(萨索尔公司的费—托合成技术)、荷兰Shell公司的SMDS技术(壳牌公司的中间馏分油合成技术)和美国Mobil公司的MTG技术(美孚公司的甲醇制汽油技术)等。

在煤炭液化的加工过程中,煤炭中含有的硫等有害元素以及无机矿物质(燃烧后转化成灰分)均可脱除,硫还可以硫黄的形态得到回收,且液体产品已经成为比一般石油产品更优质的洁净燃料。所以煤炭液化是一种彻底的高级洁净煤技术。

因此,煤炭气化和液化的直接结果就是保留煤炭中的C、H等有用成分,去除灰分、硫分等有害成分,从而实现煤炭的洁净化。

2.3.4 洁净煤发电技术

洁净煤发电技术主要有超临界粉煤燃烧蒸汽循环技术、常压循环流化床联合循环技术、加压流化床联合循环技术、整体煤气化联合循环技术等。

(1) 超临界粉煤燃烧蒸汽循环技术

现代化的超临界粉煤燃烧蒸汽循环技术,通过提高蒸汽参数来提高机组效率,与现有的亚临界燃煤机组相比,每单位发电量CO_2排放量降低15%。常规燃煤发电机组要达到洁净发电,必须增加烟气净化设备,通过烟气脱硫、脱硝和除尘,达到降低SO_2、NO_x和烟尘排放量的目的。大型燃煤锅炉配备烟气脱硫装置脱硫效率能达到95%以上;安装低NO_x燃烧器,配合空气分级燃烧,NO_x的排放量最大可降低60%~70%;配备高效电除尘器或多室布袋除尘器的除尘效率可以达到99.9%。采用上述技术的燃煤发电机组能达到很高的环保标准。

(2) 常压循环流化床联合循环技术

常压循环流化床联合循环技术可以高效率地燃烧各种固体燃料(特别是劣质煤),可以通过向燃烧室投放脱硫剂来控制燃烧过程中SO_2的排放。同时,流化床低温燃烧也会限制NO_x的生成。目前,常压循环流化床联合循环技术已经处于成熟阶段。因此,常压循环流化床联合循环技术是一种新型的高效低污染的洁净煤技术。

(3) 加压流化床联合循环技术

加压流化床燃烧产生的高温烟气经过除尘,进入燃气轮机做功,从而构成加压流化床联合循环。加压流化床联合循环技术是一种高效率、低污染的新型洁净煤发电技术,燃烧和脱硫效率高。燃烧产生的SO_2与加入流化床内的石灰石(或白云石)反应生成$CaSO_4$,能去除烟气中90%以上的SO_2。由于流化床内燃烧温度较低,只有煤中的氮转化成NO_x,空气中的氮很少转化成NO_x。

(4) 整体煤气化联合循环技术

整体煤气化联合循环技术通过将煤气化生成燃料气,驱动燃气轮机发电,其尾气通过余热锅炉产生蒸汽驱动汽轮机发电,从而构成联合循环发电。该技术具有效率高、污染物排放少的特点。但是,整体煤气化联合循环发电系统复杂、投资较高。

2.4 煤炭开采与利用展望

2.4.1 世界煤炭资源形势

2018年,煤炭在世界一次能源消费中所占比例为27.2%,低于石油(所占比例为33.6%),高于天然气(所占比例为23.9%)。据美国能源信息署预测,到2025年,煤炭在世界一次能源消费结构中所占比例会略有下降,但在亚洲发展中国家和地区的能源市场中仍将占主导地位。

截至2018年年底,世界煤炭探明可采储量为10 547.82亿t。其中,无烟煤和烟煤的可采储量为7 349.03亿t,占总储量的69.67%;褐煤和次烟煤的可采储量为3 198.79亿t,占总储量的30.33%。虽然世界煤炭资源分布广泛,但其储量分布极不平衡,欧洲及独联体国家、亚太、北美地区(或国家)的煤炭储量较为集中,非洲、中南美、中东地区的储量很少,见表2-5。

表2-5 世界各地区(或国家)煤炭探明可采储量

地区(或国家)	无烟煤和烟煤探明可采储量/Mt	褐煤和次烟煤探明可采储量/Mt	合计探明可采储量/Mt	比例/%	储产比/a
世界合计	734 903	319 879	1 054 782	100	132
欧洲及独联体国家	154 255	169 191	323 446	30.7	286
亚太	331 678	113 210	444 888	42.2	79
北美	225 673	32 339	258 012	24.5	342
中东和非洲	14 354	66	14 420	1.4	53
中南美	8 943	5 073	14 016	1.2	158

资料来源:《BP世界能源统计年鉴》2019版。

从煤炭产量看,世界煤炭生产从20世纪50年代开始进入稳步增长阶段。2008—2018年,世界煤炭产量由34.10亿t油当量增加到39.168亿t油当量,年均增长1.3%;发达国家煤炭产量增速减缓,甚至下降,如经济合作与发展组织(OECD)成员国煤炭产量年均增长率为-1.2%;发展中国家和地区的煤炭产量增幅较大,亚太地区年均增长6.1%,其中,中国年均增长4.7%。当然,世界煤炭产量的地区分布情况与煤炭资源储量的分布情况相同,主要集中在亚太、北美、欧洲及独联体国家,见表2-6。

20世纪80年代末开始,世界煤炭消费进入缓慢增长阶段。许多国家为保护环境而减少煤炭消费量。2000年,世界煤炭消费量首次低于天然气。总体上看,2008—2018年,经济发达国家的煤炭消费量趋减,所占比例下降;发展中国家的煤炭消费量增速较快,中南美地区年均增长率达3.7%,亚太地区年均增长2.5%。从消费地区看,独联体国家煤炭消费量增长最快,非洲和中南美地区次之,北美、欧洲和中东地区多数国家的煤炭消费量呈下降趋势。南非是非洲地区主要的煤炭消费国，中南美地区的煤炭消费量有限，中东地区的煤炭消费量甚微。2008—2018年世界各地区(或国家)煤炭消费量见表2-7。

表2-6　2008—2018年世界各地区(或国家)煤炭产量(油当量)　　单位：Mt

地区(或国家)	2008年	2009年	2010年	2011年	2012年	2013年	2014年	2015年	2016年	2017年	2018年
世界合计	3 410.0	3 409.8	3 601.4	3 866.5	3 909.1	3 978.0	3 966.0	3 860.9	3 660.8	3 755.0	3 916.8
北美	609.4	552.9	566.4	573.1	534.9	519.1	525.5	466.1	387.1	410.6	400.7
中南美	57.4	55.4	55.7	63.7	65.6	64.7	67.6	64.2	66.8	65.6	60.4
欧洲及独联体国家	443.6	418.6	429.1	446.8	459.1	450.6	432.9	442.4	421.4	432.8	446.1
中东	1.0	0.7	0.7	0.7	0.7	0.7	0.7	0.7	0.7	0.7	0.7
非洲	142.7	141.5	146.8	146.0	151.9	152.4	157.7	151.6	149.6	155.2	155.8
亚太	2 155.9	2 240.7	2 402.7	2 636.2	2 696.9	2 790.5	2 781.6	2 755.9	2 635.2	2 690.1	2 853.1
中国	1 494.8	1 537.9	1 665.3	1 851.7	1 873.5	1 894.6	1 864.2	1 825.6	1 691.4	1 746.6	1 828.8

资料来源：《BP世界能源统计年鉴》2019版。

表2-7　2008—2018年世界各地区(或国家)煤炭消费量(油当量)　　单位：Mt

地区(或国家)	2008年	2009年	2010年	2011年	2012年	2013年	2014年	2015年	2016年	2017年	2018年
世界合计	3 503.4	3 450.6	3 610.1	3 782.5	3 797.2	3 867.0	3 864.2	3 769.0	3 710.0	3 718.4	3 771.9
北美	575.5	505.2	536.3	507.5	449.9	465.4	463.2	404.8	371.7	365.1	343.3
中南美	27.7	23.3	28.3	30.2	31.7	34.6	36.4	35.8	35.5	34.8	36.0
欧洲及独联体国家	528.3	476.0	492.7	515.0	529.9	508.9	482.9	469.2	455.1	441.9	442.0
中东	9.7	9.6	10.1	10.3	11.9	11.2	11.2	10.5	9.7	8.2	7.9
非洲	101.4	101.0	100.1	98.4	96.0	97.2	101.9	97.7	99.1	97.6	101.4
亚太	2 260.8	2 335.5	2 442.6	2 621.1	2 677.8	2 749.7	2 768.6	2 751.0	2 738.9	2 770.8	2 841.3
中国	1 609.3	1 685.8	1 748.9	1 903.9	1 927.8	1 969.1	1 954.5	1 914.0	1 889.1	1 890.4	1 906.7

资料来源：《BP世界能源统计年鉴》2019版。

煤炭贸易是世界贸易的重要组成部分。世界大多数产煤国的煤炭产品以内销为主。煤炭贸易主要集中在亚太和欧洲两大煤炭市场，形成"东进西出、南进北出"的格局，总体上处于供大于求的局面。

从世界煤炭价格看，20世纪80年代以来，国际煤炭市场价格的变化与石油价格涨落大致相同，但幅度略小。1998—2018年的煤炭市场价格，按照西北欧标杆价格计算，年均增长率为9.98%；按照美国中部阿巴拉契煤炭现货价格指数计算，年均增长率为10.49%；按照日本动力煤进口现货到岸价格计算，年均增长率为11.69%；按照中国秦皇岛现货价格计算，年均增长率为9.45%。从2003年下半年以来，国际煤炭市场价格一改之前20 a总体下滑的趋势而大幅上扬，直至2011年；2011年后，国际煤炭市场价格大幅度下降，直至2016年；2016年后，国际煤炭市场价格又有较大幅度的增长。见表2-8。

表2-8 1998—2018年世界煤炭价格　　单位：美元/t

年份	西北欧标杆价格	美国中部阿巴拉契煤炭现货价格指数	日本动力煤进口现货到岸价格	中国秦皇岛现货价格
1998	32.00	31.00		
1999	28.79	31.29		
2000	35.99	29.90		27.52
2001	39.03	50.15	37.69	31.78
2002	31.65	33.20	31.47	33.19
2003	43.60	38.52	39.61	31.74
2004	72.08	64.90	74.22	42.76
2005	60.54	70.12	64.62	51.34
2006	64.11	57.82	65.22	53.53
2007	88.79	49.73	95.59	61.23
2008	147.67	117.42	157.88	104.97
2009	70.66	60.73	83.59	87.86
2010	92.50	67.87	108.47	110.08
2011	121.52	84.75	126.13	127.27
2012	92.50	67.28	100.30	111.89
2013	81.69	69.72	90.07	95.42
2014	75.38	67.08	76.13	84.12
2015	56.64	51.57	60.10	67.53
2016	60.09	51.45	71.66	71.35
2017	84.51	63.83	96.02	94.72
2018	91.83	72.84	112.73	99.45

资料来源：《BP世界能源统计年鉴》2019版。到岸价＝成本费＋保险费＋运费。

2.4.2 我国煤炭资源形势

煤炭是我国储量最多、分布最广的化石能源。截至2018年年底，我国的煤炭探明可采储量为1 388.19亿t，居世界第4位。但由于人口众多，我国人均占有的煤炭资源量仅为世界平均值的一半左右，处于世界中下水平。

我国是世界煤炭资源大国，也是煤炭生产、消费大国。我国富煤、贫油、少气的能源特点和经济发展阶段，决定煤炭将继续充当第一能源的角色。中华人民共和国成立以来我国煤炭年产量变化情况如图 2-12 所示，2008—2018 年中国能源生产和消费构成如表 2-9 所示。

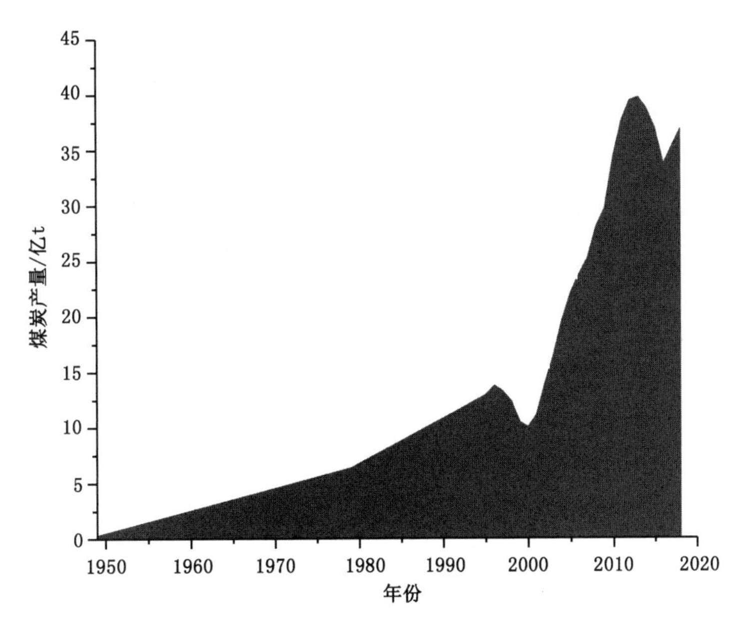

图 2-12　我国煤炭年产量变化情况

表 2-9　2008—2018 年中国能源生产和消费构成

年份	生　　产					消　　费				
	总量（油当量）/Mt	原煤/%	原油/%	天然气/%	一次电力及其他能源/%	总量（油当量）/Mt	原煤/%	原油/%	天然气/%	一次电力及其他能源/%
2008	1 917.8	77.8	9.9	3.6	8.7	2 230.4	72.2	17.2	3.2	7.4
2009	1 967.5	78.2	9.6	3.8	8.4	2 330.1	72.3	17.2	3.3	7.2
2010	2 144.9	77.6	9.5	3.9	9.0	2 491.6	70.2	18.3	3.8	7.7
2011	2 343.9	79.0	8.7	3.9	8.4	2 690.5	70.8	17.6	4.3	7.3
2012	2 423.5	77.3	8.6	4.0	10.1	2 799.5	68.9	17.7	4.6	8.8
2013	2 482.7	76.3	8.5	4.2	11.0	2 907.5	67.7	17.8	5.1	9.4
2014	2 507.7	74.3	8.4	4.5	12.8	2 974.7	65.7	18.1	5.4	10.8
2015	2 511.8	72.7	8.5	4.6	14.8	3 009.6	63.6	19.0	5.6	11.8
2016	2 400.7	70.5	8.3	4.9	16.3	3 047.1	62.0	19.3	5.3	13.4
2017	2 497.5	69.9	7.7	5.1	17.3	3 139.0	60.2	19.5	6.6	13.7
2018	2 639.0	69.3	7.2	5.3	18.2	3 273.5	58.2	19.6	7.4	14.8

资料来源：《BP 世界能源统计年鉴》2019 版。

2008—2018 年我国煤炭产量年均增长率为 2.05%，煤炭消费量年均增长率为1.7%。由于非煤能源的生产与消费所占比例有所增加，煤炭所占比例相应有所回落。

2.4.3 煤炭发展趋势

我国的煤炭主要用来燃烧发电。不过,在近几年,尽管我国燃煤发电量持续增加,煤炭需求量却逐年下降。2013 年,我国结束了煤炭消费持续增长的势头,在之后的几年持续下降,从 2013 年的 19.684 亿 t 油当量下降到 2018 年的 19.067 亿 t 油当量,预计这种趋势会持续到 2022 年。产生这种趋势的主要原因是经济结构转型和环保需求,高能源消耗的落后产能逐渐被淘汰,能源利用效率也在不断提高,社会对清洁能源的需求量不断增加。尽管如此,2022 年以前,煤炭在我国一次能源消费结构中的比例仍在 55%以上。

目前,煤炭行业形势严峻,煤炭革命时不我待。社会各界都明白煤炭的主体能源地位无法动摇;同时,大家也意识到,煤炭开采和利用所带来的环境问题越来越严峻,必须对能源消费结构进行调整。近些年,国家不断加大油气矿产勘探投入,积极开拓海外能源市场,大力发展新能源产业,逐渐降低煤炭消费比例,已经取得很好的成绩。但是,我们需要意识到,我国的能源赋存状况决定当前只有煤炭可以保障我国的能源安全,当务之急是科学规划煤炭产业政策、大力发展煤炭开采利用科学技术,实现煤炭的安全、高效开采和洁净化利用。

思 考 题

(1) 简述煤炭的概念、形成过程和条件。

(2) 简述煤炭露天开采和地下开采的概念和优缺点。

(3) 请列举煤炭地下开采的主要生产系统。

(4) 简述洁净煤的概念。

(5) 试论述我国煤炭资源开发利用现状及发展趋势。

第3章 石　油

石油是现代社会最重要的能源矿产，也是重要的化工原料。石油产品已经深入人们生活的各个角落，极大地推动了人类社会、经济和文明的发展。因此，石油被称为“现代工业的血液”。

我国是世界上最早发现和使用石油的国家。在古代，石油主要用在照明、润滑、医药、军事和制墨五个方面，整体上石油科技的发展极其缓慢。人们对石油的开发与运用也只限于对现成原油的开采与使用，未对石油的来源及产生的地质条件进行研究。图 3-1 为中国古代的钻井图。

图 3-1　中国古代的钻井图

我国近代石油工业萌芽于 19 世纪中叶，直到中华人民共和国成立前夕，它的基础仍然极其薄弱。到 1949 年，全国的石油产量仅 12 万 t。随着克拉玛依油田、大庆油田、胜利油田等大油田陆续投入开发，中国石油工业迅速发展。1978 年，全国石油产量突破 1 亿 t，成为世界原油生产大国。2018 年，我国是世界第七大石油生产国、第二大石油消费国和最大的石油进口国。

3.1 石油基本知识

3.1.1 石油的概念和分类

石油是指地层中天然赋存的呈黄色、褐色或黑色，流动或半流动，黏稠的可燃液体烃类混合物，又称为“原油”，如图 3-2 所示。石油的主要成分是烷烃、环烷烃、芳香烃等烃类化合物。石油的成分随产地的不同而变化很大。石油的主要组成元素是碳(含量为85%～90%)和氢(含量为10%～14%)，还有少量的硫(含量为0.2%～0.7%)、氧(含量为0～1.5%)、氮(含量为0.1%～2%)以化合物、胶质、沥青质等非烃类物质形态存在。此外，石油中还有微量的钠、铅、铁、镍、钒等金属元素，它们的浓度通常约为 100 mg/L。一般石油中还有不溶解的水分存在。

图 3-2　石油

石油的成油机理有生物沉积变油和石化油两种学说。生物沉积变油学说被人们广泛接受，它认为：石油是古代海洋或湖泊中的生物在地质作用下经过漫长的演化而形成的，不可再生。按照生物沉积变油学说，沉积于水底的有机物和其他淤积物一起遭受了复杂的地质作用过程，并经历了生物和化学转化过程，首先被好氧细菌氧化，然后被厌氧细菌彻底改造，当细菌活动停止后，便进入了以地温为主导的地球化学转化阶段。一般认为，生油有效的温度范围为50～60 ℃开始，150～160 ℃结束。过高的地温会使石油逐步裂解成甲烷，最终演化为石墨。因此，严格地说，石油只是有机物在地球演化过程中的一种中间产物。

原油品种很多，有非常重的沥青油和环烷油，其密度为 0.979～1.000 t/m^3；也有非常轻的原油，密度为 0.793～0.816 t/m^3。通常，可用许多物性指标来说明石油的特性，如黏度、凝点、盐含量、硫含量、蜡含量、胶质含量、沥青质含量、残炭率、沸点和馏程等。其中，凝点是在测定条件下能观察到的油品流动的最低温度值，它的测定对柴油和润滑油在寒冷地区的使用非常重要。汽油馏分中的硫化物是十分有害的，它不但会降低为提高辛烷值而添加至汽油中的烷基铅的有效性，而且某些硫化物在发动机的工作条件下会转变为腐蚀性的硫化物，从而缩短发动机的寿命。

由于地质构造、生油条件和年代的不同，世界各地区所产原油的性质和组成差别很大。而且，原油的组成也十分复杂，对其确切分类非常困难。原油通常有以下几种分类方法：

① 根据密度由小到大，相应地将原油分为轻质原油(密度＜0.87 g/cm^3)、中质原油(0.87 g/cm^3≤密度＜0.92 g/cm^3)、重质原油(0.92 g/cm^3≤密度＜1.0 g/cm^3)和特重质原油(密度≥1.0 g/cm^3)。

② 根据黏度由低到高，将原油分为常规油(黏度＜100 mPa・s)、稠油(100 mPa・s≤黏

度＜10 000 mPa·s)、特稠油(10 000 mPa·s≤黏度＜50 000 mPa·s)和超特稠油(或称沥青,黏度≥50 000 mPa·s)。

③ 根据硫含量由少到多,将原油分为低硫原油(硫含量＜0.5%)、含硫原油(0.5%≤硫含量＜2.0%)和高硫原油(硫含量≥2.0%)。在世界原油总产量中,含硫原油和高硫原油之和约占75%。原油中的硫化物对石油产品的性质影响较大,加工含硫原油时应对设备采取防腐蚀措施。

④ 根据蜡含量由低到高,可将原油分为低蜡原油(0.5%≤蜡含量＜2.5%)、含蜡原油(2.5%≤蜡含量＜10%)和高蜡原油(蜡含量＞10%)。

原油可以被加工成各种石油产品,包括汽油、柴油、煤油、石脑油、润滑油、天然气、石蜡以及其他衍生产品,是极为重要的液体燃料和化工原料。

3.1.2 石油资源量与分布

石油的利用促进了人类社会的发展,特别是从石油消费超过煤炭而成为世界第一大能源以来,世界经济、科技迅猛发展,达到了空前水平,人类从工业社会进入信息社会。

目前,世界上已知的油、气田约65 000个,分布于地壳上六大稳定板块及其周围的大陆架地区。在156个较大的盆地内,几乎均有油、气田发现,但分布极不平衡。例如,世界上石油储量超过10亿t和天然气储量超过10 000亿m^3的特大油、气田共42个(我国除外),它们仅分布于10个盆地内。其中,波斯湾盆地就占20个,西伯利亚盆地占10个;沙特阿拉伯的加瓦尔油田和科威特的布尔干油田的石油储量之和占世界总储量的1/5。根据英国石油公司统计,2018年,世界石油探明可采储量接近一半在中东地区,其次是中南美和北美地区,亚太地区的石油储量所占比例非常低(见表1-2)。2018年部分国家的石油探明可采储量见表3-1。

表3-1　2018年部分国家石油探明可采储量

国家	探明可采储量/亿桶	国家	探明可采储量/亿桶
委内瑞拉	3 033	阿联酋	978
沙特阿拉伯	2 977	美国	612
加拿大	1 678	利比亚	484
伊朗	1 556	尼日利亚	375
伊拉克	1 472	哈萨克斯坦	300
俄罗斯	1 062	中国	259
科威特	1 015	卡塔尔	252

资料来源:《BP世界能源统计年鉴》2019版。1桶=158.98 L。

我国石油资源的分布呈极不均衡态势。从地区上看,我国石油资源集中分布在东部、西部和近海3个大区,其可采资源量分别为100.25亿t、47.87亿t和29.27亿t,合计

177.39 亿 t。从分布的盆地上看，石油资源集中分布在渤海湾、松辽、塔里木、鄂尔多斯、准噶尔、珠江口、柴达木和东海陆架八大盆地，其可采资源量 182.31 亿 t。截至 2017 年年底，我国石油累计探明地质储量 389.65 亿 t，剩余技术可采储量 35.42 亿 t，剩余经济可采储量 25.33 亿 t。目前，我国石油资源的探明程度较低，众多盆地和大陆架中很可能存在丰富的油气资源。因此，在油气资源方面，我国尚有巨大的开发潜力。

3.2 石油的开采

油田开发包括石油勘探、钻(完)井和油田开采。石油勘探是石油开发中最重要的基础环节，它包括油田的寻找、发现和评估。石油勘探通常分为区域普查、构造详查、预探和详探 4 个阶段。区域普查的任务是研究大区域内的地质情况，寻找有利的沉积盆地，研究盆地的区域构造和沉积特征，圈定石油聚集的有利地带。构造详查是指研究生油层、储油层的分布和埋深，查明构造面积、形态特征、发育历史，进行构造评价并选定最有利的局部构造。预探是指在最有利的构造上进行钻探，以证实构造上有无工业油气流并进行初步测试，了解初步的油层参数，对油气资源作出评价。详探，是指最后通过钻井或地震调查查明油层的数量、分布和变化规律，取得详细的油层资料和参数，确定油藏类型，计算高级储量。石油勘探投资巨大，尤其是海上石油勘探，据估计，其费用相当于油田开采和石油炼制费用的总和。近百年来，石油勘探迅速发展，石油地质理论日益成熟，勘探手段更加先进，除地震勘探外，地球化学勘探、遥感勘探、遥测勘探、资源卫星勘探等先进技术也引入石油勘探中，从而使勘探效果和成功率大大提高。

3.2.1 钻(完)井

石油埋藏在地下储层中，要把它采出来，需要在地面和油层之间建立通道，这条通道就是油井。钻井，就是从地面打开一条通往油层的孔道，以获取地质资料和油气能源。最古老的钻井方法是绳钻，即用绳端的铲头掷向井下打井取泥。现代则使用井架和钻台，油井平均深度约为 1 700 m，有的大于 10 000 m。

在钻井时，须根据地质情况选用不同的钻头，用逐节接长钻管的方法向地层深处挺进。在钻管中压入由泥浆水和化学溶剂组成的钻井液，以清洗和冷却钻头，并保护储油层的渗透性，提高油气井的产量。泥浆水夹带岩屑从管外回流上来，泥浆还能压住地下油、气、水使之不上冒。当钻头磨钝后，须逐节拆卸钻管，更换钻头。在钻探时，最好不要停钻，以减少卡钻故障。钻井孔道不一定是直的，也可以钻成弯曲的，其弯曲方向可以控制，以便绕过障碍物。当钻到油气后，用泥浆压力或别的方法压井，再退出钻管。

在井眼钻好后，为了长期维护油气井的稳定性，需要在井眼内下套管，在套管和井壁之间的环形空间注水泥固结。然后，根据不同性质油层的开采需要，进行油层与井底的连通和井底结构的作业，这一过程即为完井，其质量直接关系油气井的产量和寿命。目前，主要有两种完井方法：一种是裸眼完井法；另一种是射孔完井法。裸眼完井法是指在油层部位不下入套管，油层与井筒直接连通的方法。射孔完井法是指用一种特殊的枪对准油层，射穿套管和水泥环并进入储层一定深度，从而使石油通过射开的孔眼流入井筒，实现油层与井筒连通的完井方法，如图 3-3 所示。射孔完井法是目前最常用的油井完井方法。图 3-4 为石油钻井平台。

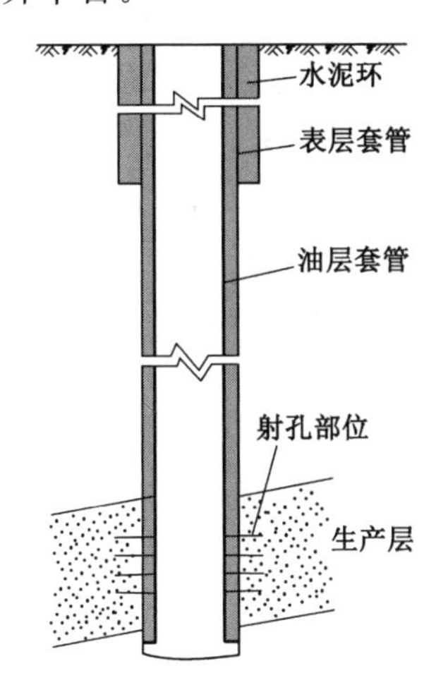

图 3-3　射孔完井法示意图

图 3-4　石油钻井平台

由于海上油田被大量发现，海上石油钻井得到了迅速发展。海上钻井与陆上钻井有很多不同，它易受海水腐蚀及海浪、海流和潮汐的影响。由于从陆地到大洋海底的坡度是逐渐变化的，海上钻井装置也应随海深而变化。图 3-5 是适应不同海深的各种海上钻井装置示意图。它们通常分为固定式和移动式，前者适于浅海，后者用于深海。海上钻井装置实际上相当于一座海上小城市，除了钻井设备和辅助设备外，还有各种生活和娱乐设施及直升机的停机坪。图 3-6 为中集"蓝鲸一号"超深水半潜式钻井平台。

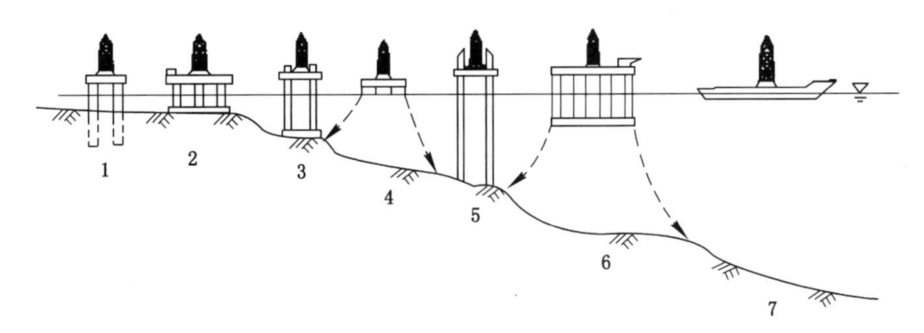

1—固定式；2—底座式；3—自升式(桩腿为柱形)；4—双船体式；
5—自升式(桩腿为桁架形)；6—半潜式；7—动力定位式。

图 3-5　适应不同海深的各种海上钻井装置示意图

3.2.2　采油方法

完井以后，石油经过诱导会在油藏压力的作用下流入井底。如果油藏压力能够使油气通过井筒喷到地面，则称为自喷采油。自喷常发生在油井开发的初期。自喷采油是最经济

图 3-6　中集“蓝鲸一号”超深水半潜式钻井平台

的采油方法。如果油藏压力不够，不足以使油气自喷到地面，则需要人工将气体压入井底，或者将有杆泵、电泵、水力泵等下入井内，靠气体或泵压将原油举升到地面，这种方法称为人工举升采油。游梁式有杆泵采油方法设备结构简单、适应性强、寿命长，是目前主要的机械采油方法之一，如图 3-7 所示。图 3-8 为有杆泵采油现场。

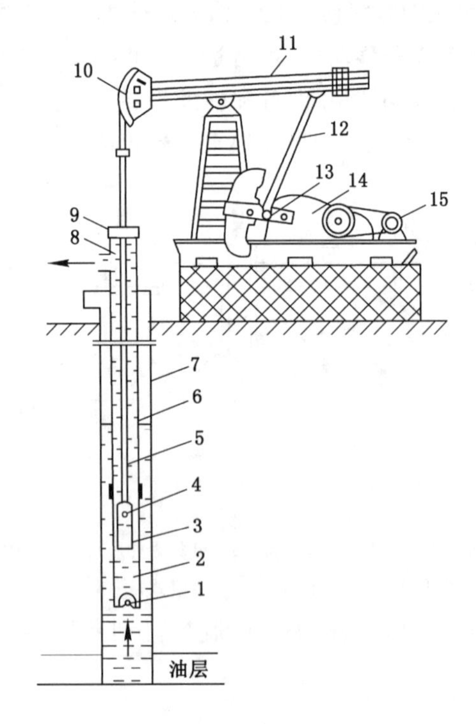

1—吸入阀；2—泵筒；3—活塞；4—排出阀；5—抽油杆；6—油管；7—套管；
8—三通；9—密封盒；10—驴头；11—游梁；12—连杆；13—曲柄；14—减速箱；15—电动机。

图 3-7　游梁式有杆泵采油方法的设备组成

图 3-8　有杆泵采油现场

油井都有衰老的问题。当自喷井产油一段时间后，油藏压力降低，产量下降；当不能自喷时，就需要用抽油泵或深井泵采油；再过一段时期后，抽油泵或深井泵也不能连续采油了，则需要间歇一段时期，让地下远处的石油聚集过来再采油。依靠地下自然压力把石油集中到油井从而采出称为一次采油，它只能采出油藏资源量的15％～25％。为了提高采收率，可以向地下油藏注水或气体，以保持压力，这称为二次采油。二次采油可提高采收率，经过二次采油后采收率平均可达到25％～33％，个别高达75％。加注蒸汽或化学溶剂以加热或稀释石油后再开采，称为三次采油。三次采油的成本很高，还需要消耗大量资源。当采油成本不合算或耗能过大时，就应关闭油井。

3.3　石油的加工利用

3.3.1　石油的炼制和产品

开采出来的石油（原油）虽然可以直接用作燃料，但经济效益不高，若在炼油厂中经深加工，则经济效益可增加许多倍。而且，飞机、汽车、拖拉机等需要使用加工后的燃料油。因此，石油的加工是石油利用中非常重要的一环。

根据所需产品的不同，炼油厂的原油加工方案大致分为三种类型：第一种是燃料型，主要以汽油、煤油、柴油等燃料油为主要产品；第二种是燃料—润滑油型，即生产各种润滑油；第三种是石油化工型，它提供石脑油、轻油、渣油用作生产石油化工产品的原料。

石油炼制的方法主要有分离法和转化法两大类。分离法包括溶剂法、固体吸附法、结晶法和分馏法等，其中最常用的是分馏法。分馏法工艺先将原油脱盐，以避免分馏设备受腐蚀。然后，把脱盐后的原油加热到385 ℃左右，送至高30多米的常压分馏塔底。塔内设有许多层油盘，石油蒸气上升时，逐层通过这些油盘，并逐步冷却。不同沸点的成分便冷凝在不同高度的油盘上，并可按所需的成分用管子引出，如塔底为不能蒸发的渣油、重油，中层为柴油等，上层为汽油、石脑油等。不同产地的原油分馏所得的各类轻、重油比例相差很大。常压—减压蒸馏是炼油厂加工原油的第一道工序。图 3-9 是石油分馏工艺原理示意图。

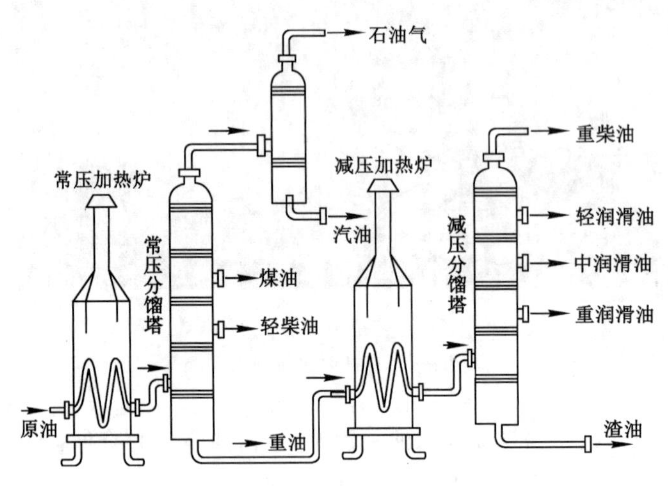

图 3-9　石油分馏工艺原理示意图

转化法是利用化学方法对分馏的油品进行深加工的石油炼制方法。例如，可以把重油、沥青等分解成轻油，也可以把轻馏分气聚合成油类。常用的转化法有热裂法、催化裂化法、加氢裂化法和焦化法等。油品经过深加工后，经济效益大大增加。图 3-10 是燃料型炼油厂的流程图，它包括常压蒸馏、减压蒸馏、催化裂化、加氢裂化、焦化等多道炼油工序。

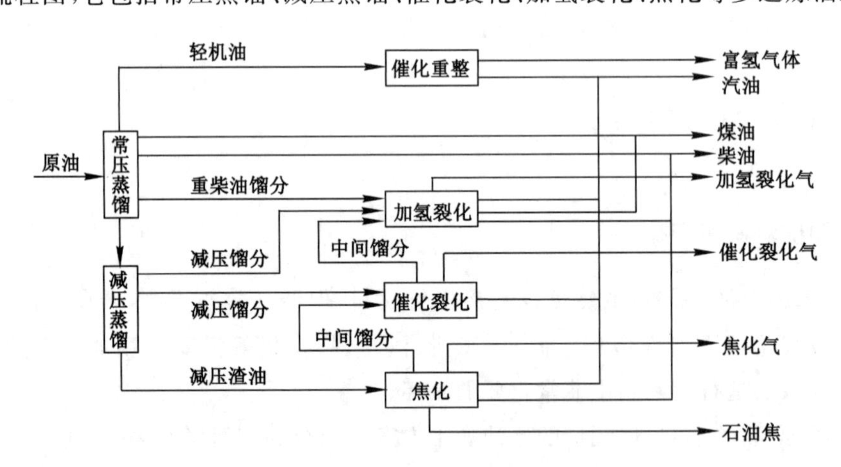

图 3-10　燃料型炼油厂的流程图

石油经炼制和加工以后可以得到很多的石油化工产品。按用途和特性，可将石油化工产品分成 14 大类，即溶剂油、燃料油、润滑油、电气用油、液压油、真空油脂、防锈油脂、工艺用油、润滑脂、蜡及其制品、沥青、油焦、石油添加剂和石油化学品。

按馏分组成，燃料油可分为石油气、汽油、煤油、柴油、重质燃料油。石油气、汽油、煤油称为轻质燃料油。石油气可用于制造合成氨、甲醇、乙烯、丙烯等。汽油分车用汽油和航空汽油,前者供汽车使用,后者供螺旋桨飞机使用。煤油分航空煤油和灯用煤油。前者作喷气式飞机燃料;后者供点灯用,也可作洗涤剂和农用杀虫剂溶剂。柴油分轻柴油和重柴油,前者用于高速柴油机,后者用于低速柴油机。

润滑油品种很多,典型的润滑油包括汽油机油、柴油机油、机械油、压缩机油、汽轮机油、冷冻机油和汽缸油、齿轮油等。在润滑油中加入稠化剂可以制成润滑脂,用于不便使用润滑油润滑的设备,如低速、重负荷和高温下工作的机械,以及工作环境潮湿、水和灰尘多且难以密封的机械。

受经济发展的需要、环境保护的要求、节能技术的进步以及替代能源的采用等因素的影响,加上产油国之间的激烈竞争,世界油品结构发生了很大的变化。总体来看,世界油品结构不断向轻质化方向发展,加热用的燃料油和重质油品显著减少。

随着经济的发展和环境保护需求的变化,各国对油品质量提出了越来越严格的要求。例如,环境保护要求降低有害物质的排放量,包括 CO、NO_x、SO_x、碳氢化合物(特别是苯等致癌物质)以及抗爆剂四乙基铅燃烧后的铅化合物等。许多国家已规定发动机排量大于1.4 L的汽车均须安装尾气催化转化器,把尾气中的有害物含量降低到最低值。汽油含铅不仅会对汽车尾气催化净化器的催化剂产生“毒害”,而且对人体健康有害。无铅化、洁净化是当今世界车用汽油的发展趋势。

柴油中硫化物燃烧产生的硫氧化物排入大气,会对环境造成严重污染。20 世纪 80 年代末,美国开始研制带铂催化剂捕集器的柴油车,以减少柴油机尾气中的有害颗粒物。为了保证铂催化剂能长期运行,要求柴油的含硫量在 0.05%以下。因此,美国颁布的柴油规格是含硫量不大于 0.05%。1994 年,美国已有 90%的柴油达到低硫规格。欧洲标准化委员会规定从 1994 年 10 月 1 日起,柴油的含硫量应小于 0.05%。1996 年,北美、西欧、日本汽油的含硫量均低于 0.05%,韩国低于 0.1%,新加坡低于 0.3%。我国柴油现行规格中,要求含硫量控制在 0.5%~1.5%。

3.3.2 石油的生产与消费

石油工业是一个以石油勘探、开采、储运、炼制为主的工业,由于其工作的对象是深埋地下的石油矿藏,因此有较高的不确定性。

20 世纪 70 年代后,世界石油产量上升缓慢。在近 30 a 的时间内,世界石油年产量一直在 30 亿 t 油当量左右徘徊。2018 年世界石油的产量为 44.743 亿 t 油当量,其中,石油输出国组织(欧佩克)的石油产量约占世界总产量的 40.7%。20 世纪 80 年代以来,我国石油产量从1988 年的 1.012 2 亿 t 增加到 2018 年的 1.891 亿 t 油当量。

在世界一次能源的消费构成中,石油仍处在第 1 位。石油消费偏重于经济发达地区,经济越发达,越需要更多的石油,美国是世界第一大石油消费国。虽然在世界一次能源的消费构成中,石油已取代煤炭成为最重要的能源,但在我国一次能源消费构成中,石油的比例约为 20%,而煤炭的比例近年来虽有所下降但仍在 60%左右,远超过石油。我国石油消费的另一大特征是,我国已从石油净出口国变成石油净进口国。1993 年以前,我国生产的石油不仅能满足国内需求,而且还出口至国外,这一格局维持了20多年,为国家创造了许多外汇。但随着国民经济的迅速发展,石油的需求量也不断增长,从1993年开始,我国再度成为石油净进口国。1999年,我国石油净进口量从1993年的900万t增加到4 380万t,而进口额也从4.67亿美元上升到46.41亿美元。目前,中国是世界上最大的石油进口国,2017年的原油净进口量首次突破4亿t,2018年石油对外依存度高达72%。

3.4 石油开采与利用展望

目前,我国的石油消费量已经突破6亿t大关,成为世界第二大石油消费国。但是,由于我国的油田越来越贫瘠,新增探明储量逐年减少,石油开采与生产成本越来越高,石油产量正在逐年下降。面对巨大的石油资源需求量与石油产量逐年下降的现状,石油进口成为解决这一问题的主要途径,从而导致我国的石油资源对外依存度逐年增加。

世界范围内的石油生产,主要集中于中东地区。欧佩克国家原油产量占全世界产量的比例达到40%以上,这是我国石油进口的主要地区。同时,我国也从西非、南美等主要产油区进口石油。2017年,我国的石油海运进口周转量占到全球周转量的29%,平均海运距离达到了约7 800海里(1海里=1.852千米),随着进口石油来源的多元化,这一数据还会继续增长。

石油资源涉及国家能源安全。我国面临石油资源量严重不足以及对外依存度较高的现状,这可能会引起经济、政治、社会等多方面的问题。为此,我国石油工业应在以下几个方面加强工作:

(1) 加强资源勘探力度,提高石油探明储量

我国的大部分油田位于东部地区,这些区域石油资源丰富,是我国的重要产油区。但是,随着开采规模的逐渐扩大,我国要加强对西部石油资源的勘探工作,以作为东部石油资源开发的重要补充。同时,海洋也蕴藏着丰富的石油资源,我国也要加强对海洋石油资源的勘探工作,早勘探早开发,从而弥补我国石油资源的供给不足,保证我国石油资源合理的自给率。

(2) 积极开展国际合作,提高世界石油供应能力

当前的世界石油市场已经是一个开放性的能源市场。据统计,全球仍有约40%的石油资源需要进一步勘探。我国要树立全球化的能源观,加强与中东、非洲、南美等地区的区域合作,有计划、有步骤地对海外石油资源进行开发。

(3) 加强石油基础设施建设,建立多元化的石油供应途径

我国的进口石油,大多来自中东与非洲地区;而近些年来,这些地区经济、政治局势不容乐观,恐怖袭击、武装冲突等时有发生,存在对我国的能源安全造成威胁的隐患。所以,我国要积极开拓多区域、多方位的石油供应渠道。且我国的石油进口主要通过霍尔木兹海峡、马六甲海峡,一旦这些地区出现问题,石油供应的咽喉便被扼住。因此,我国要积极与邻边国家开展合作,扩大陆运规模,抓紧建设油气运输管道。

(4) 加强科技创新力度,提高石油工业科技水平

我国要在资源勘探、开采、炼制、管道储运及安全环保等领域加强科技创新，运用科技力量，助力石油产业发展。

(5) 积极开发替代能源，提高能源安全保障程度

面对石油资源严重不足的现状，我国要制定相关的政策法规，加大替代能源的开发力度。如加大对油页岩、煤层气、天然气水合物、核能、风能、太阳能等的开发力度，从而保证我国的能源安全。

进入21世纪以来，由于地缘政治的关系，油价波动很大。因此，各国都将石油供需作为能源安全战略的一个重要组成部分，我国也在建立自己的石油储备体系。在今后相当长的一段时间内，石油仍将对世界经济产生举足轻重的影响。

思　考　题

(1) 简述石油的概念及主要成分。

(2) 简述人工举升采油的主要技术手段。

(3) 简述石油的主要用途及主要的石油产品。

(4) 试论述石油资源与地区社会、经济、政治等的关系。

第4章 天 然 气

在公元前6000年到公元前2000年间，伊朗人首先发现了天然气。从地表渗出的天然气刚开始可能用于照明，崇拜火的古代波斯人因而有了“永不熄灭的火炬”。我国利用天然气大约是在公元前900年，在公元前211年钻了第一口天然气气井，据有关资料记载深度为150 m。此时的天然气主要用作燃料来干燥岩盐。图4-1为《天工开物》中关于使用天然气提炼井盐的记载。

图4-1 《天工开物》中关于使用天然气提炼井盐的记载

1659年，英国发现了天然气，之后欧洲开始对其逐渐了解。从1790年开始，欧洲通过小口径导管将天然气输送至用户，用于照明和烹调。19世纪20年代，管线技术的快速发展使长距离的天然气输送成为可能。20世纪初，美国出现了天然气矿井，开始了商业规模运作，天然气产业由此诞生。1927—1931年，美国建设了十几条大型燃气输送系统，输送距离超过320 km。第二次世界大战期间及战后是世界天然气产业的大发展时期。一方面，战争中需要使用天然气等能源，同时战后美国、欧洲、日本经济的发展振兴对天然气等能源的需求十分巨大；另一方面，石油、天然气勘探开发的高潮来临，在中东、北非等地相继发现了许多大气田、特大气田，同时大批大油田的开发也提供了巨大储量的伴生气气源。在第二次世界大战之后，建造了许多输送距离更长的管线。如20世纪70年代初，最长的一条天然气输送管线在苏联诞生，将位于近北极圈的西西伯利亚气田的天然气输送到东欧，全长5 470 km。

4.1 天然气基本知识

4.1.1 天然气的概念和特性

所谓天然气，从广义上讲，是指存在于自然界中的一切天然的气体。然而，目前研究最多，同时又对人类生活最有意义的是可燃烃类气体，特别是以烃类为主的天然气藏中的天然气，即狭义的天然气。但是，由于天然气形成过程的复杂性和气态物质的流动性，自然界中的可燃天然气是与其他气态物质混合存在的，如自甲烷到烷烃类系列、二氧化碳、氮气、硫化氢、氢气、二氧化硫、一氧化碳以及气态汞和稀有气体（氦气、氖气、氩气、氪气、氙气等）等。狭义的天然气是能源矿产的一种，是指天然蕴藏于地下岩层中的烃类可燃混合气体，主要成分是甲烷。

天然气的主要特性见表4-1。在标准大气压下，冷却至－161.5 ℃时，天然气由气态转变成液态，称为液化天然气（liquefied natural gas，LNG）。液化天然气无色、无味、无毒且无腐蚀性，其体积约为同质量气态天然气体积的1/600；液化天然气的质量仅为同体积水的45%左右。液化天然气可以用冷藏油轮运输，运到使用地后再予以汽化。

表4-1 天然气的主要特性

天然气种类	相对分子质量	密度/(kg/m³)	体积定压热容/[kJ/(m³·K)]	标准状态下高热值/(kJ/m³)	标准状态下低热值/(kJ/m³)	标准状态下理论空气量/m³	标准状态下理论烟气量/m³	理论燃烧温度/℃
干井天然气	16.654 4	0.743 5	1.560	40 403	36 442	9.64	10.64	1 970
油田伴生气	23.329 6	1.041 5	1.812	52 833	48 383	12.51	13.73	1 986
矿井气	22.755 7	1.010 0	0.760	20 934	18 841	4.60	5.90	1 900

4.1.2 天然气的成因和分类

（1）天然气的成因

天然气的成因，是指形成天然气的地质地球化学历程。在自然界中，生成气体的过程十分普遍，许多地质演化过程都伴有气态物质的产出，这里只简单介绍烃类气体的成因。依据形成气体的原始物质的特征，自然界气体成因可划分为有机成因和无机成因两大类。除稀有气体为无机来源外，其他气体都有两种来源。就是说，不同过程可形成同一成分气体，同时，同一过程可以生成不同成分的气体，这是天然气形成的特点。

烃类气体包括甲烷及其同系物。甲烷是烃类气体中来源最广泛的气体。有机质经历生物化学作用、热催化作用和无机物之间的反应合成都可生成甲烷。地球内部捕获的原始气体亦是甲烷的一种来源。尽管在理论上可以由无机物合成重烃,但从目前勘探开发的天然气来看,重烃主要由有机质的分解形成。

甲烷分子中的碳是高度还原的,碳的许多地质演化过程均可形成甲烷。在地球演化早期的大气圈中,甲烷很可能是一种极其重要的组分。地球演化至今,大气圈中的甲烷仅为一种微量组分。甲烷存在于许多不同的环境中,如沼泽、封闭湖和煤矿等。海水中可存在溶解甲烷,甚至牛、羊等动物消化系统中也存在甲烷。在现代和古代沉积物以及地球深部岩石中都可能存在甲烷。现代沉积物中由于细菌作用可以产生和消耗甲烷,较深部位由于成岩作用的矿物催化作用、有机质缩聚作用均可形成甲烷。在地壳较深部位,有机质受温度作用可形成甲烷。在地壳更深剖面中,曾发现甲烷被包含在变质岩的液体包裹体中。另外,在金刚石中也发现了甲烷包裹体,而金刚石主要来自地下 100～390 km 深的金伯利岩体中。同时,地震活动和火山喷发常伴有一定的甲烷析出。

与甲烷形成的途径和范围相比,重烃的形成途径少,而且范围小。尽管在碳质球粒陨石及火成岩包裹体中发现过重烃,但其含量相对甲烷含量是极微的。因此,重烃以有机成因为主。而在有机质演化过程中,重烃的形成范围也较小,且比较集中。相对甲烷而言,生物化学作用形成的重烃比例很低。在有机质演化的高温裂解阶段,甲烷生成量占绝对优势。

因此,重烃主要形成于有机质演化的热解作用带,生物—热催化过渡带也可形成相当数量的重烃。

(2) 天然气的分类

天然气按其存在相态可分为游离气、溶解气(油溶气和水溶气)、吸附气和固态水合物气;按组分,可划分为干气、湿气、凝析气或者贫气、富气;按来源,可划分为有机来源气和无机来源气;依其与石油的产出关系,可分为伴生气和非伴生气;依其分布特征,可分为气顶气、气藏气、凝析气和煤层气等;按成因,可分为生物气、生物—热催化过渡带气、热解气、高温裂解气和幔源气;按其有机母质类型,可分为油型气、煤型气、陆源有机气。

干气,是指在地层中呈气态,采出后在一般地面设备和管线中不析出液态烃的天然气。湿气,是指在地层中呈气态,采出后在一般地面设备中有液态烃析出的天然气。

贫气,是指 1 m^3 井口流出物中丙烷及以上烃类(C_{3+})含量少于 100 cm^3 的天然气;相反,若是丙烷及以上烃类含量大于 100 cm^3 时,则称为富气。

生物气,也称细菌气,是指有机质在微生物作用过程中所形成的气态物质。在富含有机质沉积物的表层可形成甲烷,但大部分逸散到水体或大气中,只有在缺氧、低 SO_4^{2-} 环境且具备圈闭的条件下才能有大量的生物气形成并聚集成气藏。

生物—热催化过渡带气,是指生物作用趋于结束,有机质在各种外营力作用下所形成的以甲烷为主的烃类气体。

热解气,是指有机质在热力作用下所形成的气态物质。通常是指生油窗内所生成的烃类气体,其特点是重烃含量一般较高。

高温裂解气，是指有机质热演化和油气生成过程中最后阶段的烃类气体。它的重烃含量随有机质的成熟度增加而明显减少，最后变为以甲烷为主的干气。

幔源气，是指来自地球深部（上地幔）的无机成因天然气。它是由地幔脱气作用所形成的天然气。

油型气，是指生油母质（Ⅰ、Ⅱ型干酪根）在演化过程中所生成的天然气，包括生油母质从低成熟到过成熟阶段生成的天然气。煤型气，是指腐殖型有机质（Ⅲ型干酪根）在演化过程中所形成的天然气。煤层气，是指煤层中所含的吸附和游离瓦斯。

气顶气，是指与油共存于油气藏中呈游离态产出的天然气。这种天然气从成因和分布上都与石油有着密切关系。它的基本特点是重烃含量较高，一般占天然气质量的百分之几到百分之几十。气藏气，是指单独聚集成藏的天然气。它可能存在于油田内，亦可分布于油田外。其化学组分变化较大。凝析气，是指在较高温度、压力下以气态形式存在于地层中，而采出地面后，由于地表压力、温度较低逆凝结为液态烃的天然气。

固态水合物气，是一种特殊类型的化学物质——包含化合物。其气体分子以物理方式封闭在膨胀了的水分子晶格内。气体水合物以固体状态存在，它必须在高压低温条件下才能形成。这就使气体水合物的分布只能局限在深海洋底沉积物中和有巨厚永久冻土层的地区。

4.1.3 天然气资源量与分布

天然气是蕴藏量丰富、清洁而使用便利的优质能源。据俄罗斯学者预测，世界常规天然气资源量达 $4\times10^{14}\sim6\times10^{14}$ m^3，此外还有大量非常规天然气资源。与石油一样，世界天然气资源分布也很不均衡，主要集中在中东、欧洲及独联体国家，其天然气探明可采储量之和占世界总量的70%以上。图4-2为2018年世界天然气探明可采储量地区（或国家）分布。

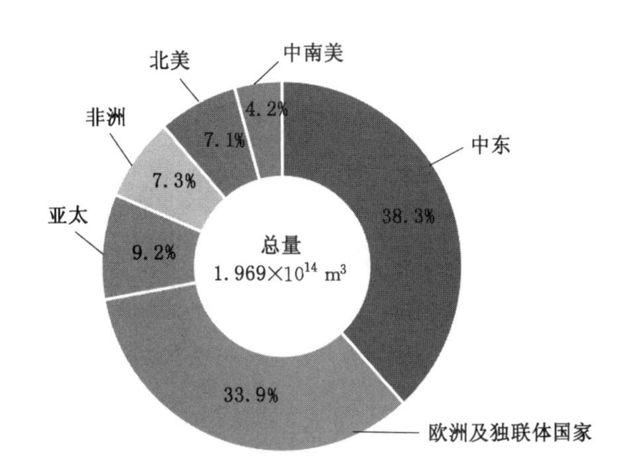

图4-2　2018年世界天然气探明可采储量地区（或国家）分布

目前，世界天然气资源的探明率还很低，展望未来，天然气的发展前景是诱人的。截至

2018 年年底，世界天然气剩余探明可采储量 $1.969\times10^{14}\ m^3$，随着勘探和开采技术水平的提高，剩余探明可采储量有望进一步增加。

20 世纪 70 年代后，世界石油产量上升缓慢，而天然气的产量却高速增长。1970—2018 年，天然气产量从 $1\times10^{12}\ m^3/a$ 上升到 $3.87\times10^{12}\ m^3/a$。与此同时，由于勘探技术的发展和投入的增加，天然气剩余探明可采储量从 $4.16\times10^{13}\ m^3$ 上升到 $1.969\times10^{14}\ m^3$。

我国天然气资源丰富，据 2015 年全国油气资源动态评价结果，天然气地质储量为 $9.03\times10^{13}\ m^3$。从 1990 年开始，我国天然气探明地质储量进入快速增长阶段。“十五”期间，我国累计探明天然气地质储量 $2.6\times10^{12}\ m^3$，较“九五”期间增加 $1.4\times10^{12}\ m^3$，增长 117%。“十二五”时期，我国新增天然气探明地质储量呈快速增长趋势，连续 5 a 新增 $5.0\times10^{11}\ m^3$。截至“十二五”末，累计探明天然气地质储量达到 $1.3\times10^{13}\ m^3$，探明程度约 14%。我国天然气储量大于 $1\times10^{12}\ m^3$ 的地区有 10 个，形成以四川、鄂尔多斯、塔里木、柴达木、莺琼、东海 6 大盆地为主的天然气资源区。

目前，我国天然气消费量占世界天然气总消费量的 9.2%左右。2001 年，我国天然气消费量为 274.3 亿 m^3，2010 年达到 1 069.41 亿 m^3，年均增加 80 多亿立方米，年均增长 16.3%。“十二五”时期，我国天然气消费量快速增加，2015 年达到 1 947 亿 m^3。2020 年，消费量跃升至约 3 200 亿 m^3。随着我国对环保要求的不断提高，采用天然气供暖的需求旺盛，预计到 2025 年天然气消费量将达到 5 000 亿 m^3。我国天然气产量也由 2001 年的 303 亿 m^3 增加到 2015 年的 1 345 亿 m^3，年均增加 70 多亿立方米，年均增长 11.3%。2018 年，我国天然气产量达到 1 615 亿 m^3。图 4-3 是 2001—2018 年我国天然气产量变化图。

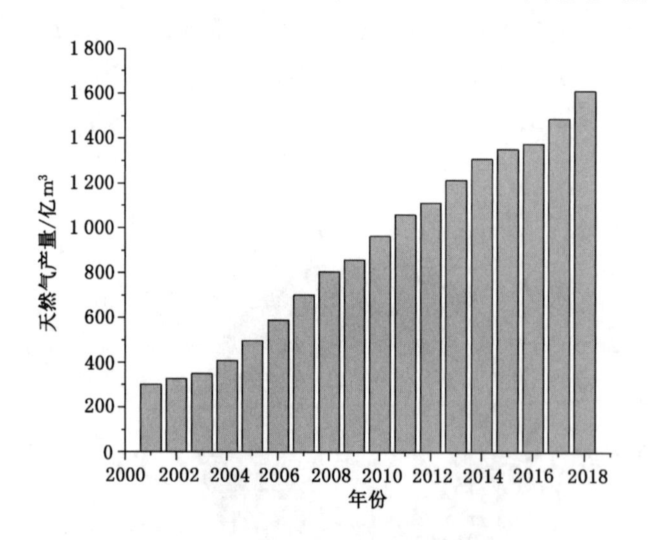

图 4-3　2001—2018 年我国天然气产量变化图

为满足国内天然气日益增长的需求，进口天然气是重要途径之一，采取海上液化天然气和陆路管道天然气方式是进口天然气的必然选择。

4.2 天然气的开采

4.2.1 排水采气工艺

气井一般都会产出一些液体。液体主要有两种：一种是储层中的游离水或烃类凝析液；另一种是储层中含有水汽的天然气遇冷后产生的凝析水。气藏产水后，气井的流动性降低，采气速度和采收率亦会降低。因此，很大一部分天然气储量，需要依靠二次开采的排水工艺技术才能开采出来。

排水采气工艺类似采油举升法，但不是采油举升法的简单移植，而是根据气藏的实际情况做了大量的改进。目前，主要的排水采气工艺有优选管柱排水采气、气举排水采气、泡沫排水采气、活塞气举排水采气、常规有杆泵排水采气、电潜泵排水采气和射流泵排水采气等。

对长时间生产的气井，地层压力可能会降低，气带水的能力会减弱，气井生产效率亦会下降。此时，减小油管直径可以增强气井自喷能力。这种通过改变油管直径的工艺措施称为优选管柱排水采气工艺，它本质上是一种优化设计方法。

气举排水采气是利用天然气压缩机或者邻井的高压气体作为动力，向气井环形空间内注入高压气体，从而排除井底积液并恢复生产的一种人工举升工艺措施。

泡沫排水采气工艺通过井口向井底注入起泡剂，当井底积水与起泡剂接触后，借助天然气的搅动，生成大量低密度含水泡沫并随气流从井底被携带到地面，如图 4-4 所示。泡沫化后的气液两相介质密度低，液体分散程度高，油管中的压力损失减小，气携液所需要的气

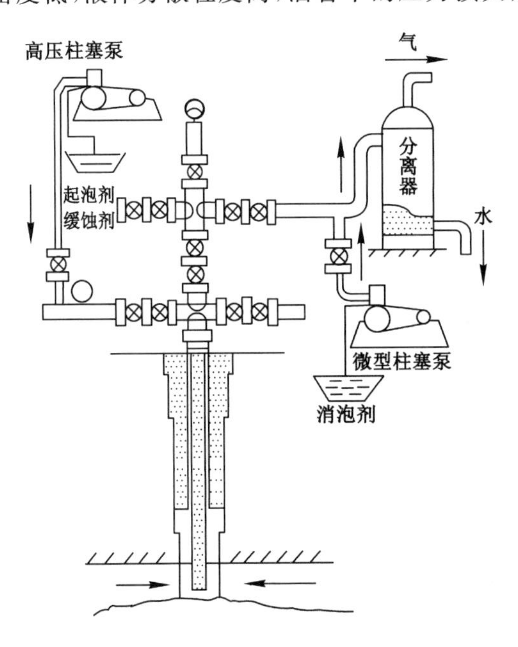

图 4-4 泡沫排水采气工艺流程示意图

流速度降低。同时,泡沫包裹污垢的能力强,能够对气井附近地层孔隙和井壁进行清洁,起到疏通通道的作用。因此,泡沫排水采气工艺是一种助采工艺,在采气工业中普遍使用。

常规有杆泵排水采气是借助抽油机等动力设备,将有杆泵放入气井井底抽水,从而降低井筒中液面高度的一种排水采气工艺。如图 4-5 所示。

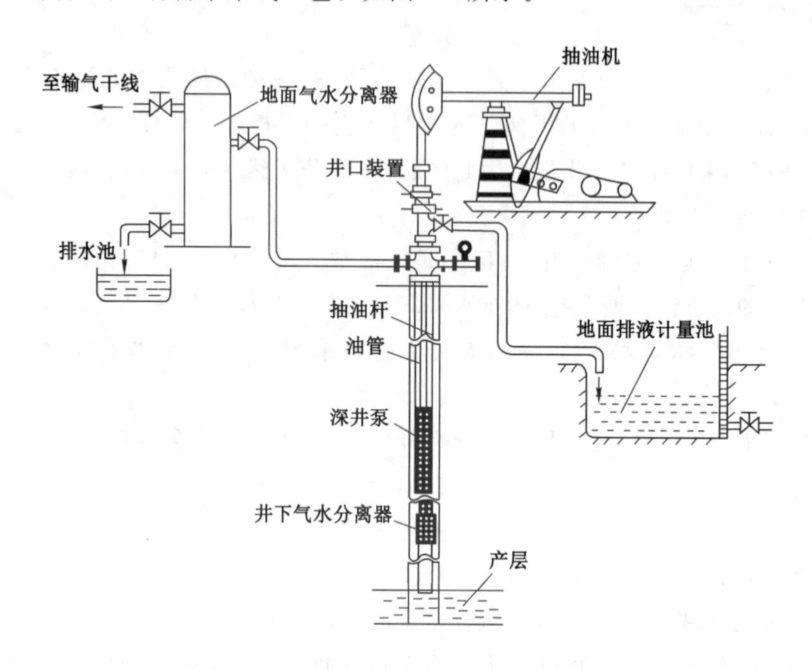

图 4-5　常规有杆泵排水采气工艺流程示意图

4.2.2　气井井场采气流程

含有液(固)体杂质的高压天然气从气井被采出后,需要经历调压、分离、计量、保温和输送等流程,这些流程的组合称为采气流程。主要的采气流程有单井常温采气流程、多井常温采气流程、低温回收凝析油采气流程、低温回收石油液化气采气流程。下面以单井常温采气为例,介绍天然气的采气流程。

如图 4-6 所示,从气井出来的天然气混合物首先经针阀 2 减压,后进入保温套 3 加热升温。加热升温后的天然气再经针阀二次减压至略高于输气压力后进入分离器 5。分离器的主要作用是去除混合天然气中的液体和固体杂质。分离后的天然气会从分离器的顶部出来,进入节流装置 7 计量,然后经集气支线 9 输出。经分离器分离出的液体和固体从下部放到计量罐 10 中计量,然后分别放入油罐和水池中。

4.2.3　气井增产措施

气井增产措施,是指向气层中注入某种或某些物质,使其与地层互相作用,从而提高或恢复气层的渗透性,进而提高气井产气能力的工艺措施。气井增产措施很多,常用的是酸化处理、酸压裂和水压裂技术等。

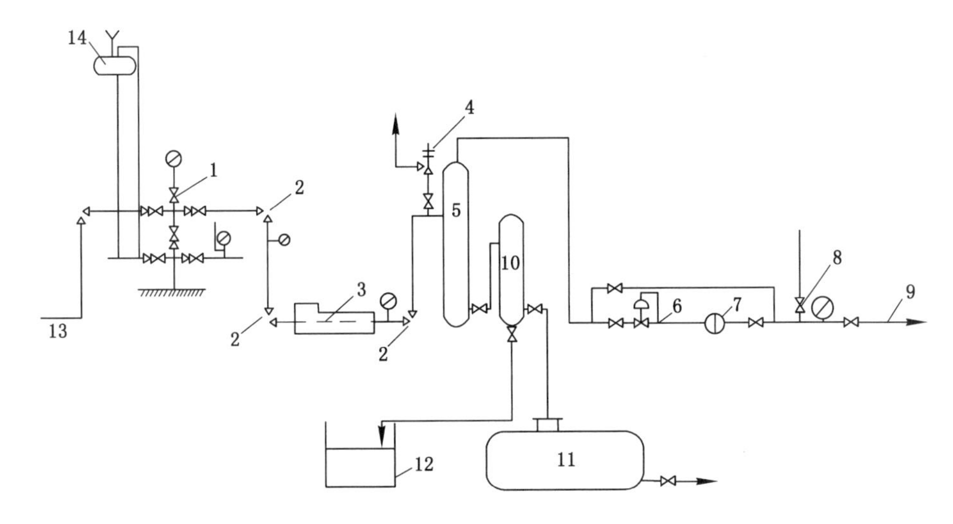

1—采气井口；2—针阀；3—保温套；4—安全阀；5—分离器；6—温度计；7—节流装置；
8—放空阀；9—集气支线；10—计量罐；11—油罐；12—水池；13—井口放空阀；14—缓蚀剂罐。

图4-6 单井常温采气流程示意图

(1) 气井的酸化增产

气井酸化，是指将酸性溶液(以下简称酸液)注入地层孔隙和裂缝中，使酸液和地层岩石中的矿物发生化学反应，溶解部分岩石，从而扩大或者沟通岩层中的孔隙和裂缝，提高气井附近地层的渗透率，进而提高气井生产能力的工艺措施。

目前，最常用的酸液是盐酸酸液体系和土酸酸液体系。盐酸酸液体系主要由盐酸、缓蚀剂、表面活性剂和铁离子稳定剂组成。其中，盐酸是工作液的主料，它与碳酸盐矿物反应速度非常快，消耗也比较迅速，作用距离短，气井增产效果受限。因此，需要用缓蚀剂来增大工作液的穿透深度。表面活性剂可以降低酸液的表面张力，减小地层孔隙和裂缝的毛细管阻力，从而便于酸液穿透地层。当地层中有含 Fe^{3+} 的矿物时，酸化后可能会形成 $Fe(OH)_3$沉淀，容易堵塞天然气通道。铁离子稳定剂可以防止 $Fe(OH)_3$沉淀的生成。土酸是砂岩气酸化的常规酸液，一般是指由质量分数为10%～15%的盐酸与3%～5%的氢氟酸及添加剂组成的混合酸液。除了盐酸酸液体系和土酸酸液体系外，还有一些为了延缓酸性岩反应速度、增加活性酸穿透距离的特殊酸液体系，如降阻酸酸液体系、胶凝酸酸液体系、泡沫酸酸液体系、醇酸酸液体系等。

(2) 气井的压裂增产

酸压裂和水压裂都是气井的压裂增产措施，具体就是通过井筒向储层内人工注入高压的工作液体而使储层内岩层破裂产生裂缝，然后采取“支撑”或“刻蚀”的方法使裂缝即使在高压工作液体撤去后也不会闭合，从而提高储层渗透性的措施。在水压致裂中使用的压裂液主要有水基压裂液和油基压裂液，最常用的是后者。除了这两种之外，还有一些适应特殊条件的压裂液，如乳化液压裂液、泡沫压裂液等。

4.3 天然气的加工利用

4.3.1 天然气的处理

从气井出来的天然气中含有一些杂质，主要是 CO_2、H_2O、H_2S 和其他含硫化合物。因此，天然气在使用前也须净化，即脱硫、脱水、脱二氧化碳等。从天然气中脱除 H_2S 和 CO_2 一般采用醇胺类溶剂；脱水则采用二甘醇、三甘醇、四甘醇等，其中三甘醇用得最多；也可采用多孔性的吸附剂，如活性氧化铝、硅胶、分子筛等。我们把来自集气管网的天然气在处理厂(站)经脱硫、脱碳、脱水、脱除凝液(含凝液回收)、回收硫黄和处理尾气等的一系列工艺过程称为天然气处理过程，如图 4-7 所示。

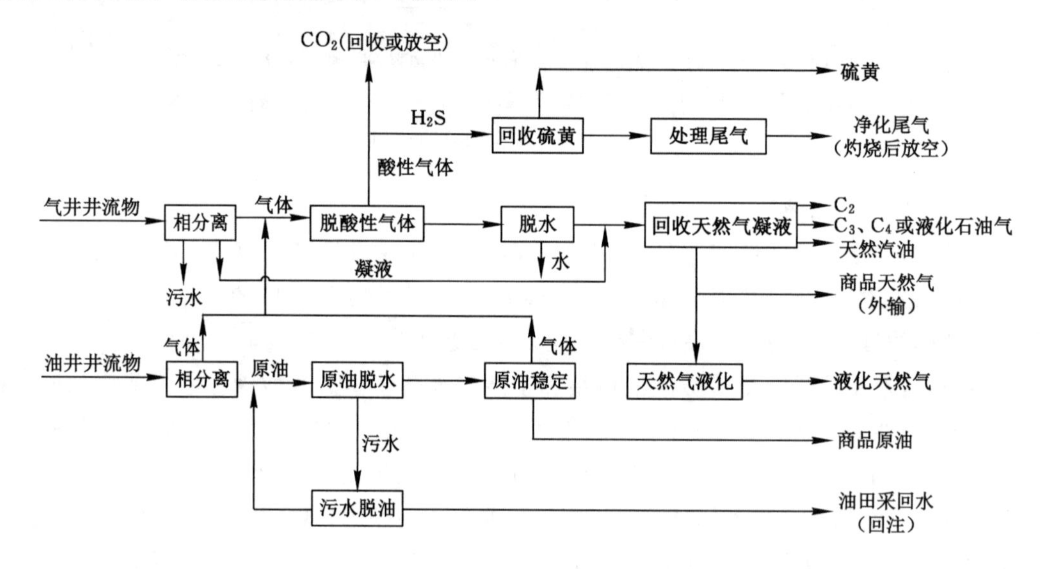

图 4-7　天然气处理过程示意图

(1) 天然气脱酸

一般情况下，天然气中会含有硫化氢(H_2S)、二氧化碳(CO_2)、硫化羰(COS)、硫醇(RSH)和二硫化物等酸性组分，当这些酸性组分超过商品天然气质量指标或管输要求时，称这样的天然气为酸性天然气。将开采出的天然气中所含酸性组分脱除达到商品天然气的质量标准，以实现安全、环保地管线输送的这一工艺过程称为天然气脱酸。当该过程以脱除天然气中的 H_2S 以及其他有机硫化物为主时，称为脱硫。当主要脱除天然气中的 CO_2 时，则称为脱碳。

天然气中的硫主要以 H_2S 和少量有机硫的形式存在，它们会使天然气在生产、运输、储存以及后期的利用过程中对设备、管路等造成一定的损害，从而增加不安全的因素。因此，要对天然气进行脱硫处理。目前，天然气脱硫的主要方法有醇胺法、直接转化法和除硫剂法，其中醇胺法得到了广泛的应用。表 4-2 列出了这些方法的主要工艺、技术特点以及适用范围。

表 4-2 天然气脱硫方法的主要工艺、技术特点及适用范围

方法		主要工艺	技术特点	适用范围
醇胺法	化学溶剂法	美国联碳公司的新型高效胺保护法(Ucarsol)、位阻胺法(Flexsorb),CT8系列等工艺	采用一种或多种有机胺作为处理溶剂;对设备具有一定的腐蚀作用;溶液再生需要加热,能耗较高;以采用配方型溶剂为主,具有更好的选择性以及脱除有机硫效果	适用于酸性组分分压低及要求净化气中酸性组分含量低的天然气脱硫
	物理化学溶剂法	砜胺法(Sulfinol)工艺	采用醇胺[主要是二异丙醇胺(DIPA)和甲基二乙醇胺(MDEA)]、环丁砜以及水组成的混合溶液作为处理溶剂;兼具物理吸收和化学吸收两者优点	适用于含有机硫的天然气脱硫
直接转化法		钒法(Stretford)、络合铁法(Lo-cat)、氨水液相催化法等工艺	H_2S在液相中氧化为元素硫,反应速度快、硫容高;以采用螯合铁溶液的铁基工艺为主	适用于硫含量较小的天然气以及其他工业气体、尾气或废气的脱硫
除硫剂法		氧化铁浆液法(Slurrisweet)、锌盐浆液法(Chemsweet)、CT8-4、CT8-4A、CT8-4B、CT8-6、壳牌公司的磺胺处理法(Sulfatreat)等工艺	采用固体、浆液或液体脱硫剂;脱硫剂不可再生,在达到一定硫容而失去脱硫能力后废弃	适用于流量较小、H_2S含量较低、气井偏远分散的天然气脱硫

天然气质量标准中要求CO_2的含量不能大于3%。当天然气中CO_2含量过高时,其溶于水之后生成碳酸。与相同pH的酸性液体相比,CO_2的酸液浓度较大,会对运输管道及设备产生很强的腐蚀作用。并且CO_2过多,也会影响天然气燃烧时的发热量。因此,天然气必须经过脱碳处理后方可运输。目前,天然气脱碳处理的方法主要有化学溶剂法、物理溶剂法和物理分离法。表4-3列出了这些方法的主要工艺、技术特点以及适用范围。

(2) 天然气脱水

水是天然气从采出至消费的各个处理或加工步骤中最常见的杂质成分,而且含水量常会处于饱和状态。我们将从天然气中脱除饱和水蒸气或从天然气凝液(NGL)中脱除溶解水的过程称为天然气脱水。当天然气未进行脱水处理时,生成凝结水会限制天然气在管道中的流动性,从而降低相同条件下的输气量;另外,也会导致天然气中酸性成分的溶解,对管路产生腐蚀作用。并且在一定条件下,天然气中的水分和小分子气体及其混合物会形成一种外观类似冰的固体水合物,其可能会导致管道堵塞或其他设备产生故障。因此,要对天然气进行脱水处理。

表 4-3　天然气脱碳方法的主要工艺、技术特点及适用范围

方法及分类		主要工艺	技术特点	适用范围
化学溶剂法	改良热钾碱法	苯菲尔特法(Benfield)、砷碱法(G-V)、Cathcarb 法、位阻胺法(Flexsorb HP)、SCC-A 法、复合催化法等工艺	采用无机碱作为吸收溶剂，对设备有较大的腐蚀作用；CO_2的脱除程度较高；再生能耗较高，投资及操作费用较高	适用于合成氨的过程气脱碳，用于天然气脱碳较少
	醇胺法	活化甲基二乙醇胺(aMDEA)、Gas/Spec CS、二异丙醇胺(ADIP)以及国内开发的甲基二乙醇胺(MDEA)脱碳等工艺	采用有机碱(胺)作为吸收溶剂，对设备有一定的腐蚀作用；CO_2的脱除程度极高；再生能耗较高，投资及操作费用较高	适用于流量较大、CO_2分压较低的气体脱碳
物理溶剂法		冷甲醇(Rectisol)、多乙二醇二甲醚(Selexol)、碳酸丙烯酯(Fluor solvent)、N-甲基吡咯烷酮(Purisol)、多乙二醇甲基异丙基醚(Sepasolv MPE)、磷酸三正丁酯(Estasolvan)等工艺	在高压和较低温度下使用；能脱除大量CO_2以及有机硫，但不宜用于重烃含量高的天然气；溶剂再生通常采用多级闪蒸；净化度不及化学溶剂法	适用于CO_2分压较高的气体脱碳
物理分离法	膜分离法	Prism、Separex、Cynara、Dasep、Gracesep、Delsep 等工艺	装置简单，操作方便；能耗较低；难以深度脱除CO_2和回收得到高纯度CO_2；烃类损失较高	适用于CO_2分压较高的气体脱碳
	变压吸附法	Molrcular Gate 工艺	过程简单，操作方便，适用性强；能耗较低；可获得较高纯度的CO_2产品；易受吸附剂吸附能力的影响	适用于合成氨变换气和各种尾气(如富炉气)脱除及CO_2回收
	低温分离法	Rayn-Holmes 工艺	流程相对复杂，设备投资费用较大，能耗较高	适用于流量及CO_2含量波动较大的气体

在天然气脱水工艺中，常用露点降来表示天然气的脱水深度。露点降是指脱水前含水天然气的露点与脱水后干气的露点之差。目前，从天然气及其凝液中脱水的方法有液体吸收法、固体吸附法、低温法、膜分离法、气体汽提法和蒸馏法等，工业上常采用前两种方法进行天然气脱水处理。

① 液体吸收法。当天然气脱水前后露点降为 30～70 ℃时，常用液体吸收法进行脱水处理。液体吸收法脱水根据吸收原理，采用一种亲水液体与天然气逆流接触，吸收气体中的水蒸气，从而达到脱水的目的。用来脱水的亲水液体称为脱水吸收剂或液体干燥剂。常见的脱水溶剂比较如表 4-4 所示。其中，三甘醇溶液具有热稳定性好、再生容易、吸湿性很高、蒸气压低、携带损失量小、露点降高等众多优点，目前得到了广泛应用。

表 4-4 常见脱水溶剂的比较

脱水溶剂	优 点	缺 点	备 注
氯化钙水溶液	设备简单，操作成本低	设备腐蚀严重，露点降约11 ℃，与天然气中的 H_2S 反应会生成沉淀	主要用于边远地区或严寒地区，目前已很少使用
氯化锂水溶液	露点降可达 20～36 ℃，对设备的腐蚀比氯化钙水溶液小	价格贵	主要用于空气脱水
二甘醇溶液	浓溶液不会固化，在操作温度下溶剂稳定，吸湿性较高	露点降约 28 ℃，携带损失量比三甘醇溶液大，装置投资高	天然气工业中应用得不多
三甘醇溶液	浓溶液不会固化，在操作温度下溶剂稳定，吸湿性很高，蒸气压低，携带损失量小，露点降可达约 50 ℃	装置投资高，溶液有一定的发泡倾向	天然气工业中使用最广泛的脱水方法

② 固体吸附法。虽然液体吸收法具有众多优点，但是当天然气需要深度脱水时，就需要运用固体吸附法。固体吸附法的原理是：天然气与多孔的固体颗粒表面接触时，其所含的水分与固体表面分子之间相互作用而停留在固体表面上，从而被去除。采用固体吸附法脱水后的干气，含水量可低于 1×10^{-6}，露点可低至－50 ℃以下。而且装置对原料气的温度、压力和流量变化不甚敏感，也不存在严重的腐蚀及发泡问题。目前，用于天然气脱水的固体吸附剂有硅胶、活性氧化铝和分子筛。

(3) 硫黄回收及尾气处理

对天然气进行脱硫处理之后，脱除的 H_2S 是生产硫黄的重要原料。对脱除的 H_2S 进行回收处理，不仅可使资源得到充分利用，而且也会减少对环境的污染。目前，从含 H_2S 的酸气中回收硫黄主要采用氧化催化制硫法，通常称为克劳斯法。常用的克劳斯法有直流法、分流法、硫循环法及直接氧化法等。不同工艺方法的主要区别在于保持热平衡的方法不同。克劳斯装置包括热反应、余热回收、硫冷凝、再热和催化反应等部分，由这些部分可以组合成各种不同的硫黄回收工艺，用于处理不同 H_2S 含量的原料气。各种工艺方法的适用范围见表 4-5。

表 4-5 各种工艺方法的适用范围

酸气中 H_2S 含量(体积分数)/%	>55～100	>30～55	>15～30	>10～15	>5～10	≤5
推荐的工艺方法	直流法	预热酸气及空气的直流法，或非常规分流法	分流法	预热酸气及空气的分流法	掺入燃料气的分流法，或硫循环法	直接氧化法

在众多的克劳斯法中，直流法和分流法是主要的工艺方法。图 4-8 给出了直流法和分流法的工艺流程。

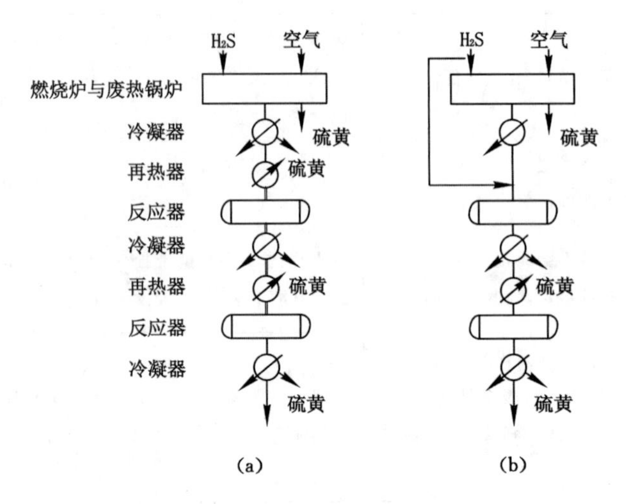

(a) 直流法；(b) 分流法。

图 4-8　直流法和分流法的工艺流程图

反应之后的尾气，大多数通过直接灼烧的方法进行处理。直接灼烧可大幅度减小尾气中 H_2S 及其他含硫化合物的浓度，从而减轻对环境的污染。

(4) 凝液回收

天然气凝液是从天然气中回收的且未经稳定处理的液态烃类混合物的总称，一般包括乙烷、液化石油气和稳定轻烃成分，也称为混合轻烃。

由回收装置得到的粗产品一般要进行进一步的分馏和加工，分馏可得到纯的乙烷、乙烷—丙烷、商用丙烷、异丁烷、正丁烷、混合丁烷、丁烷汽油、稳定轻烃(或天然汽油)等产品。分馏产品的构成和分馏深度依市场需求而定。

天然气中的凝液组分(特别是 C_{5+})如不予以分离回收，在集输等过程中可能会凝结成液体，聚集在管道的低洼处，使管道流通截面面积减小，从而影响输气能力和管输效率。此外，管道中凝液的排放也存在安全隐患，会引发爆炸起火事故。凝液如不能很好地分离而随粗天然气进入净化处理装置，也可能导致严重的操作问题，如导致常规的胺法或砜胺法溶液发泡。凝液若随酸气进入硫黄回收装置还会严重影响燃烧炉的运行，导致催化剂性能降低乃至生成“黑”硫黄。

4.3.2　天然气的利用

天然气市场非常广阔，它主要用于以下几方面：

(1) 发电

天然气发电主要有两种方式：一是利用天然气在常规锅炉中燃烧产生高温高压蒸气推动蒸汽轮机，从而带动发电机发电。这种发电方式由于热效率较低，一般只有 40%左右，目前已很少应用。二是燃气轮机联合循环发电。它利用天然气在燃气轮机中直接燃烧做功，使燃气轮机带动发电机发电，此时为单循环发电；如果再利用燃气轮机产生的高温尾气通过余热锅炉，产生高温高压蒸气后推动蒸汽轮机带动发电机发电，此时为双循环即联合循环发电。图 4-9 是典型的燃气蒸气联合循环发电流程示意图。

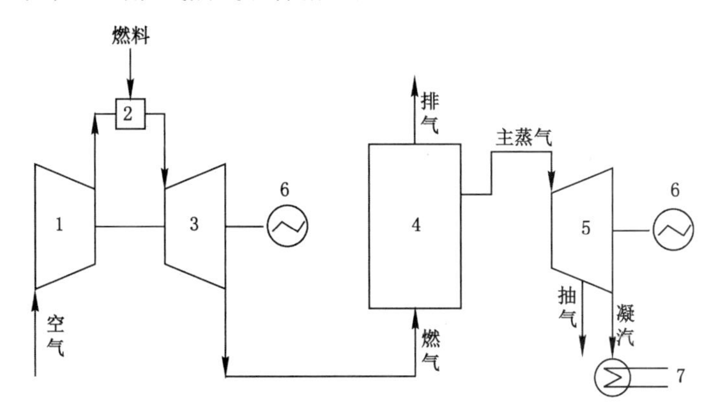

1—压缩机；2—燃烧室；3—燃气透平；4—余热锅炉；5—蒸气透平；6—发电机；7—冷凝器。

图 4-9 燃气蒸气联合循环发电流程示意图

表 4-6 为天然气发电与燃煤发电常规项目对比表。由表 4-6 可以看出：天然气发电与常规燃煤发电相比，具有热效率高、运行灵活、污染物排放量少、供电可靠、建设周期短、占地面积少等一系列优点。因此，天然气发电已经成为当今世界最受青睐的发电技术。

表 4-6 天然气发电与燃煤发电常规项目对比表

项目		40 MW 燃气轮机单循环电站	55 MW 燃气蒸气联合循环电站	300 MW 常规燃煤火电站
热效率/%		31.8	46	38
发电造价/[千元/(kW·h)]		2.5～3.2	3.2～4	8～10
环境污染状况	粉尘排放量/(t/a)	9	9	203
	硫排放量/(t/a)	—	—	16 800
	NO_x 含量/(mg/m^3)	25～42	25～42	600
耗水量/(t/a)		—	5 200	109 200
建设周期/月		10	12	36

热电联产是一种既能有效利用能源发电，又能利用余热的技术。热电联产过程中 CO_2 排放量较低，是较好的燃料应用和较便宜的能源转换系统。中国电力企业联合会发布的《电力“十三五”规划中期评估及优化》文件显示，截至 2017 年年底，全国天然气发电装机容量为 76 290 MW，其中天然气热电联产所占比例在 70%以上。我国有些地方已建成应用航空发动机的单一天然气发电装置。但这种技术仅适用于偏僻的、小流量的、火炬放空或无法收集的天然气产地。

(2) 民用及商业用燃料

伴随着城市化进程的加快和城市人口的快速增加，城市民用与商业用能源数量必然扩大；同时，基于对生态环境保护的需求，我国对城市民用与商业用能源结构进行了全面的调整。近年来，天然气被用作汽车燃料并得到了快速发展。专用天然气加气站逐渐在大城市推广。天然气作为汽车燃料，在减少汽车尾气污染方面效果显著，但在方便程度等方面还无法与汽油竞争。依据我国城市人口居住、采暖、饮食及消费等方面的特点，城市民用和商业用天然气占天然气消费量的40%～45%比较适宜。天然气作为燃料，主要以压缩天然气和液化天然气形态呈现。

压缩天然气(CNG)是一种燃料用天然气，是一种环保、清洁的石油替代能源。一般通过压缩可将天然气体积压缩为标准大气压下的1%。压缩天然气存储在设计压力为20～24.8 MPa的圆柱形或球形压力容器中。压缩天然气具有成本低、效益高、无污染、使用安全便捷等特点，正日益显示出强大的发展潜力。油田及天然气田里的天然气、人工制造的生物沼气均可以加工为压缩天然气。压缩天然气多用作城市燃气，特别是居民生活用燃料。天然气燃烧的发热量在39 MJ/m^3 左右；而压缩天然气的密度为2.5 kg/m^3时，燃烧的发热量可达85 MJ/m^3。

液化天然气，是指天然气经压缩、冷却至其沸点(－161.5 ℃)后变成的液体，其主要成分是甲烷。天然气在液化前需要进行净化处理，以去除一些高分子碳氢化合物，以及一些对下游产业不利的成分如硫、氮、水等。液化天然气因其发热量高、污染少、储运方便等优点已经成为优质能源之一。

(3) 化肥及化工原料

我国的化工原料中，天然气占50.8%，其中，化肥生产相关企业是重要用户。合成氨是重要的无机化工产品之一，在国民经济中占有重要地位。与煤基合成氨厂相比，天然气基合成氨厂具有占地小、人员少、环保水平高、投资少等特点。除液氨可直接作为肥料外，农业上使用的氨肥，如尿素、硝酸铵、磷酸铵、氯化铵以及各种含氮复合肥，都是以氨为原料的。合成氨是大宗化工产品之一，全世界每年合成氨产量已达到1亿t以上，其中约有80%的氨用来生产化肥，20%作为其他化工产品的原料。天然气合成氨由天然气转化、合成氨变换、脱碳、甲烷化、除杂以及压缩合成等几个过程组成。制备合成氨的工艺流程如图4-10所示。

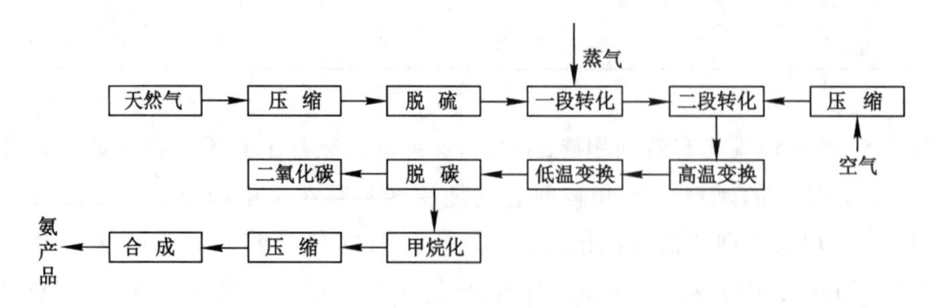

图4-10 天然气合成氨工艺流程图

甲醇、乙烯是重要的化工原料，其生产是天然气化工的优选项目。甲醇的分子式是CH_3OH，相对分子质量为32.04，常压下沸点为64.7 ℃。该产品是重要的基本有机化工原料之一，广泛应用于有机合成、染料、医药、涂料和国防等工业，被誉为C_1化学的“基石”，在基本有机原料中的地位仅次于乙烯、丙烯和苯，其众多的下游产品对工农业、交通运输业以及国防工业有着重要作用。约有90％的甲醇用作生产甲醛、甲基叔丁基醚、醋酸、甲酸甲酯、氯甲烷、甲胺、二甲醚及其他各种合成材料的原料，仅有10％左右直接用作燃料或者调和车用燃料。

随着环保标准的提高和科技的发展，甲醇的燃料用途也越来越受重视。甲醇燃料汽车、甲醇燃料电池等日趋引人注目。与轻油或煤炭为原料相比，天然气制甲醇具有生产流程简单、投资省、成本低等优点。全球甲醇产能的近90％以天然气为原料。

天然气为原料制甲醇的工艺主要有合成气制备、甲醇合成和甲醇精馏3个部分。甲醇合成分为高压法、中压法和低压法3种。表4-7对各合成工艺进行了比较。低压法合成甲醇技术自20世纪60年代被开发成功后，已在工业上获得广泛应用。其中，采用ICI(英国帝国化学工业集团)低压甲醇合成工艺和Lurgi(鲁奇)低压甲醇合成工艺的甲醇生产能力占70％以上。

表4-7 甲醇合成工艺比较

工艺条件	高压法	中压法	低压法
催化剂	Zn/CrO_2	$Cu/ZnO/Al_2O_3$	$Cu/ZnO/Al_2O_3$
反应温度/℃	360	255	255
合成压力/MPa	19.6～29.4	9.8～12.0	5.0～8.0
副产品产率/％	25	0.2	0.2
能耗/(kJ/t)	70	45.38	45.38
投资成本	较高	较低	较低
生产成本	较高	较低	较低

天然气除了可以直接制备合成氨和甲醇外，还可以间接制备很多化工产品。随着世界原油质量逐渐劣质化、市场动荡化，能源市场向多元化发展成为一个重要趋势。目前，天然气资源得到了持续开发，天然气工业技术也得到了不断发展，天然气制合成油越来越受到重视，尤其为一些大型石油公司的发展带来了契机，越来越多的国家和跨国石油公司已经或准备加入天然气制合成油的行列中。

将合成气(CO和H_2的混合气体)经过催化剂作用，转化为液态烃的方法称为天然气制合成油(GTL)，这是1923年由德国科学家费舍尔(F. Fischer)和托罗普施(H. Tropsch)发明的，简称费—托(F-T)合成。

天然气制合成油工艺可分为直接转化和间接转化两大类。直接转化工艺由于技术上存在一定的难度，经济可行性不高，无法进行商业运营。间接转化工艺生产运行成本则较低，其主要工艺流程由合成气生产、费—托合成、合成油处理、反应水处理4个部分组成。

图 4-11为天然气间接转化制备合成油工艺流程图。

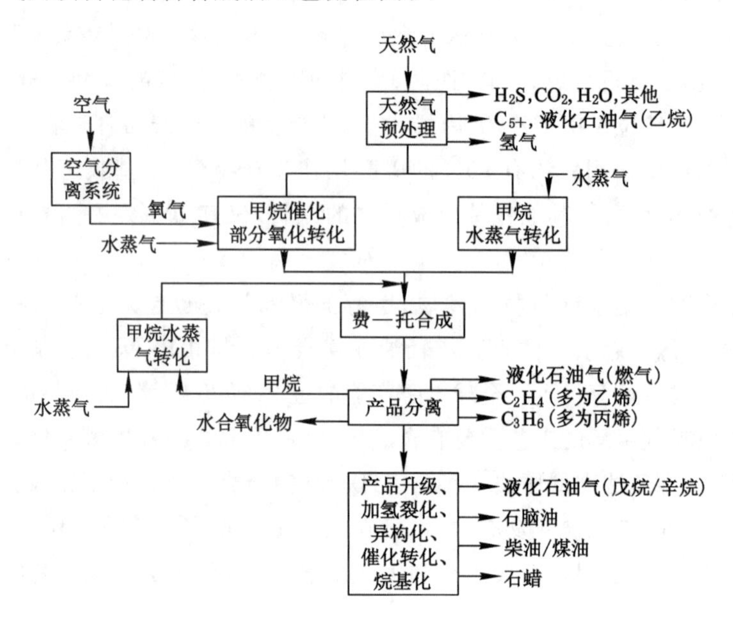

图 4-11　天然气间接转化制备合成油工艺流程图

氢气是重要的工业原料、工业气体和特种气体，在石油化工工业、航空航天工业、电子工业、冶金工业、食品加工工业、精细有机合成领域等都有广泛应用。天然气制氢气由于工艺流程短、建设投资少、氢气的转化效率高，故具有生产率高、总能耗低等优点，在氢气制备工业方面具有很大的竞争力。

以天然气为原料制备氢气有两种方法。一种方法是先制备含氢气合成气，然后再提纯净化得到氢气。制备含氢气合成气的方法包括蒸气重整、部分氧化和自热催化重整。另一种方法则是由甲烷的直接分解得到氢气。

（4）一般工业

工业用天然气涉及军工、有色冶金、黑色冶金、机械、汽车、建材、电子、医药、橡胶、塑料、家用电器、食品等 30 多个工业。

4.4　天然气开采与利用展望

目前，中国天然气行业发展迅速，基础设施的建设也有了很大的进展。截至 2016 年年底，我国的天然气管道线路总长达到 6.69×10^4 km，形成了以西气东输系统、陕京系统、涩宁兰系统、川气东送系统和中缅天然气管道系统为骨干的输气主体框架，其中以川渝、华北、长三角和珠三角地区的区域天然气管网最为完善。另外，共有 13 座液化天然气接收站，总接收能力达 5.13×10^7 t/a；已建成 25 座地下储气库，可以储气 5.5×10^9 m^3。目前，我国形成了非常规和常规天然气并采、陆上和海上进口液化天然气等并存的局面，以及西气东输、就近供应的格局。

尽管我国的天然气行业发展迅速，但是还有许多问题有待解决。例如，天然气的需求量逐渐增大与现存天然气基础设施不足的矛盾，垄断经营与石油管道公共设施建设之间的矛盾，高效率的管道调配要求与现状之间的矛盾等。

依据国家关于天然气利用的相关政策，可以将天然气的用户分为城市燃气用户、工业燃料用户、天然气发电用户、天然气化工用户和其他用户5种类型。各个用户利用天然气的途径呈现出不同的发展趋势，城市燃气为主导的天然气利用模式会成型，发电用气定位为调峰功能，工业用气会得到发展但规模有限，化工用气下降明显但会维持一定的规模。

城市燃气是天然气的主要利用途径。2018年，我国城市天然气供气量为1 443.95亿 m^3，在我国天然气所有利用途径中约占1/2。但是，和美国等发达国家相比，这个比例偏低。随着我国经济实力的不断上升，城镇化以及"煤改气"等政策的大力推进，预测未来城市燃气在天然气所有利用途径中的比例会不断上升。

发展天然气发电技术，有利于增加天然气管道投产初期的运输量，减少投资回报的时间，并且对管道的季节调峰有利。以中国的国情来看，煤炭储量最多，不可能长期使用储量相对较少的天然气。因此，应因地制宜，适量建设天然气调峰电站。

天然气是一种清洁能源，对环境造成的影响相对较小，是响应国家节能减排号召的良好选择。但是，天然气的使用量容易波动，极易受煤炭、燃料油等其他可替代能源价格的影响。虽然工业用天然气的价格承受力较好，位于城市燃气之后，但是从长远来看，我国天然气的价格会持续上升并最终达到国际水平，相对较高的价格会抑制天然气成为工业用气。

进入21世纪以来，我国化工用气的增长速度较以往加快，主要原因是天然气被用作化学制品原料的项目快速发展。虽然这些项目消耗了部分天然气，但是这并不能阻止化工用气在天然气利用中所占比例减少的趋势。

思 考 题

(1) 简述天然气的概念。

(2) 按相态划分，天然气有哪几类?

(3) 在天然气开采过程中，主要的排水采气工艺包括哪些?

(4) 与煤炭和石油相比，天然气的利用有哪些优势?

第5章 非常规油气

5.1 页岩气

5.1.1 页岩气基本知识

(1) 页岩气的概念

页岩气是指赋存于富有机质页岩及其夹层中，以吸附或游离状态为主要存在方式的非常规天然气。其主要成分是烷烃，其中甲烷占绝大多数，另有少量的乙烷、丙烷、丁烷和戊烷，一般还含有硫化氢、二氧化碳、氮气，以及微量的惰性气体，如氦气和氩气等。页岩气是连续生成的生物化学成因气、热成因气或两者的混合物，可以游离态存在于天然裂缝和孔隙中，以吸附态存在于干酪根、黏土颗粒表面，还有极少量以溶解状态储存于干酪根和沥青质中，吸附气比例一般在20%～85%。页岩气与常规天然气藏最显著的区别是，它是一个自给的系统。页岩既是气源岩，又是储层和封盖层。

页岩气的形成过程和富集方式有自身特点。它在厚度较大的盆地、面积广大的页岩烃源岩地层中分布较广。与常规天然气相比较，页岩气的生命周期和开采寿命更长，产气页岩多数厚度大、分布广，且含气率高。因此，页岩气井产气速率稳定。

页岩气也有“人造气藏”一称，只有通过大型人工储层造缝(网)开采才能具备工业生产的能力，且最开始时生产能力较高、早期生产能力下降较快，后期维持低产水平且生产时间较长。在国外，最初认识的天然气就是页岩气。自1821年美国阿帕拉契亚盆地成功钻探第1口页岩气井以来，页岩气开采已经有近200 a的历史。但是，在20世纪90年代初期，随着致密(岩石)气与煤层气地位的上升，页岩气的地位逐渐下降。进入21世纪，随着页岩气地质与开发理论的创新和勘探开发关键技术的突飞猛进，页岩气开采进入了快速发展阶段。表5-1为页岩气与煤层气、天然气对比情况。

表5-1 页岩气与煤层气、天然气对比情况(据江怀友)

	页岩气	煤层气	天然气
成因类型	有机质热演化成因，生物成因	有机质热演化成因，生物成因	有机质热演化成因，生物成因，原油裂解成因
主要成分	以甲烷为主，含少量乙烷、丙烷等	以甲烷为主	以甲烷为主，乙烷、丙烷等含量变化较大

表 5-1(续)

	页岩气	煤层气	天然气
成藏特点	自生、自储、自保	自生、自储、自保	生、储、盖合理组合
分布特点	受页岩分布控制,具广布性	受煤层分布控制,具广布性	受生、储、盖组合控制
储集方式	吸附气和游离气并存	以吸附气为主,占80%以上	以游离气为主
埋藏深度	一般200 m及以上,最浅8.2 m	风氧化带以下,一般大于300 m	一般大于500 m
开采特点	排气降压解析开采	排水降压解析开采	自然压力开采

(2) 页岩气的资源量与分布

目前,全球页岩气可采资源量为 2.145×10^{14} m^3。按照当前的天然气消费情况计算,这一储量相当于全球天然气61 a的总消费量。

世界上页岩气储量最多的国家是中国,其储量达到 3.16×10^{13} m^3,之后是阿根廷(2.27×10^{13} m^3)、阿尔及利亚(2.0×10^{13} m^3)、美国(1.77×10^{13} m^3)、加拿大(1.62×10^{13} m^3)。尽管不同机构对我国页岩气资源的评价结果差异较大,但是普遍认为中国页岩气储量丰富。美国能源信息署(EIA)2015年的一份文件显示,中国可以开采的页岩气储量 3.12×10^{13} m^3,在所有页岩气中,海相 2.33×10^{13} m^3、过渡相 7.4×10^{12} m^3、陆相 9.0×10^{11} m^3。2015年,国土资源部的评价结果显示,中国页岩气可采资源量 2.18×10^{13} m^3,其中海相 1.3×10^{13} m^3、过渡相 5.1×10^{12} m^3、陆相 3.7×10^{12} m^3。2016年,中国石油勘探开发研究院的评价结果显示,中国页岩气可采资源量 1.28×10^{13} m^3,其中海相 8.8×10^{12} m^3、过渡相 3.5×10^{12} m^3、陆相 5.0×10^{11} m^3。

北美地区对页岩气的开发研究最早,开采技术在世界范围内领先,所以,北美地区是目前世界上页岩气产量最大的地区。与开采技术领先的北美地区相比,中国页岩气的开采虽然起步较晚,但是经过多年的勘探开发实践,页岩气勘探开发取得了重大的突破。截至2016年,四川盆地及周缘的海相地层,已探明页岩气储量7 643亿 m^3。其中,重庆涪陵已探明页岩气储量6 008亿 m^3,成为除北美之外最大的页岩气田。中国从2010年开始生产页岩气,到2017年页岩气产量达到91亿 m^3,仅次于美国和加拿大。

经过多年的技术引进及技术攻关,我国已经掌握了页岩气地球物理、压裂改造、钻完井等技术,能够在3 500 m以浅地区开采页岩气,并且已经初步形成适合我国具体条件的页岩气开采技术体系。

5.1.2 页岩气的开采

页岩气是一种非常规天然气,且存在于页岩中,主要有游离态和吸附态两种形式。孔隙率小及渗透率低是页岩最显著的特点,页岩的孔隙率通常仅有3%~5%。

页岩气开采需要施工水平井与压裂工程,如图5-1所示,主要的工艺流程包括竖井钻进、水平井施工、水压致裂增透和抽采。页岩气开采具有单井产量低、采收率低、投入高、产量递减快、生产周期长等特点,所以不像开采常规天然气侧重勘探,页岩气开采的关键是投入大量气井,需要形成规模。

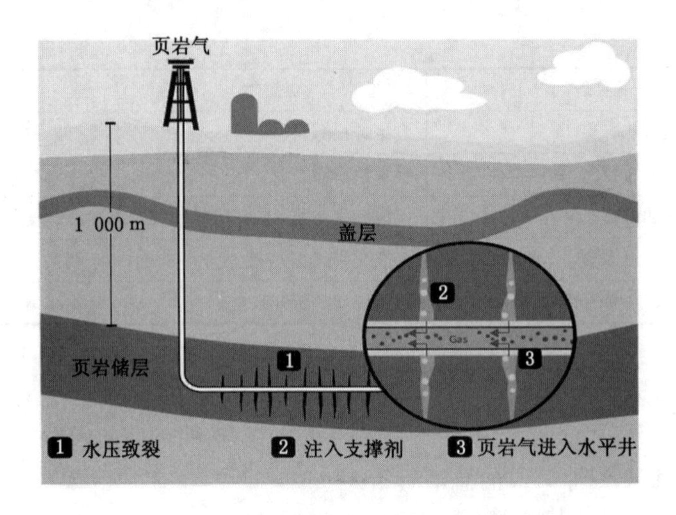

图 5-1 页岩气开采技术示意图

页岩气的开采相较其他能源矿产，工艺更加复杂。只有通过最新科技手段，页岩气开采技术才能达到标准。其中，竖直井和水平井技术是页岩气开发的两种钻完井技术。应通过不断提高固井施工水平而达到开采页岩气的要求。

(1) 增产技术

① 水平井技术

水平井技术是指通过具有一定柔韧性的弯曲钻杆，在水平方向打井的技术。现如今，有内置电机的可转向动力钻具不仅可以增大钻井的倾斜角，还能缩短转向部分井的长度，从而使有效钻井长度大大增加，生产效率提高。相较竖直井，水平井储层与井筒接触面积大，裂缝相交概率大，应用在孔隙率小、渗透率低的页岩中优势明显；水平井地面装置少，约束小，开采的广度大。因此，水平井的经济效益更好，其开采成本为竖直井的 2～3 倍，产出是竖直井的 3～5 倍。例如，美国奥斯汀地区采用竖直井、水平井和多分支水平井，每吨油的成本比为 1∶0.77∶0.56。因此，每年会增加大量的水平井，用于开采 Barnett 页岩。2000 年以前，水平井以 3 口的数目远小于竖直井的 570 口。到了 2008 年，在 12 153 口气井中，水平井达到 7 574 口，占了总数的近 2/3，增速巨大。图 5-2 为竖直井与水平井对比示意图。

② 压裂增产技术

压裂增产技术主要通过压裂页岩的方法，解决页岩气流动阻力大、页岩渗透性差等问题。按压裂方式划分，压裂增产技术包括分段压裂技术、同步压裂技术和重复压裂技术；按压裂手段划分，包括清水压裂技术、超临界 CO_2 压裂技术和水力喷射压裂技术。在具体工程中，人们常根据工程的需求，将压裂手段和压裂方式配合使用，以达到最优的效果。

a. 分段压裂技术

由于储气层的不同位置含气量相差巨大，分段压裂有助于结合具体层位情况设计压裂方案，从而使生产效益更高，压裂效果更好，适用于水平井段长和储层多的页岩气矿藏。这

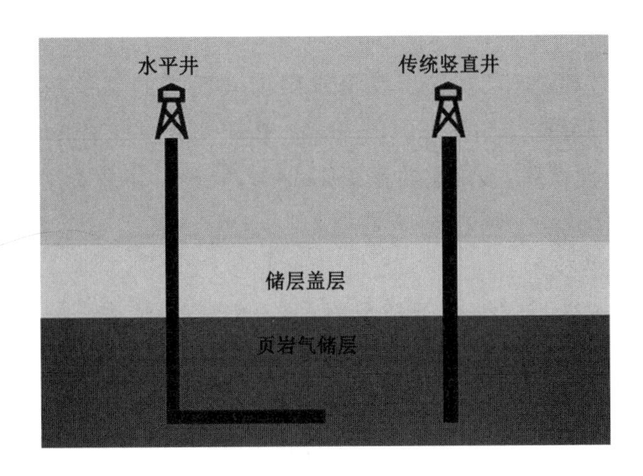

图 5-2　竖直井与水平井对比示意图

项技术在北美地区页岩气开采中占据主体地位，2011 年美国 85%的页岩气矿藏开采采用了分段压裂技术。过去分段压裂大多需要借助分隔装置，以达到分段目的，如使用多级可钻式桥塞或封隔器。目前，页岩气领域已经发展了新技术，不再使用桥塞与封隔器，从而减少了消耗。图 5-3 为分段压裂示意图。

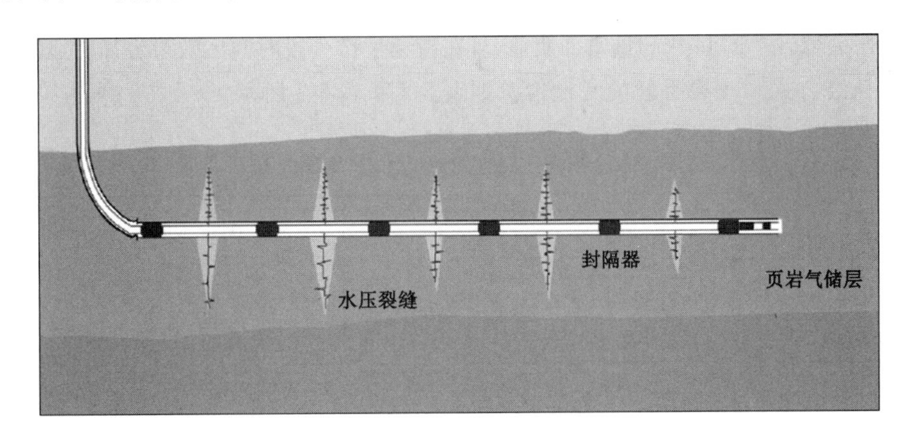

图 5-3　分段压裂示意图

b. 同步压裂技术

该项技术通过让相互邻接的井同时或交替压裂，以促进裂缝在扩展过程中相互作用，从而增加应力干扰，产生复杂的裂缝网，加大压裂面积，最终实现增产增效。此项技术的缺点在于投资大，工程占地面积大，对后勤保障要求高；优点是设备利用率高，短期内增产明显。

c. 重复压裂技术

该项技术通过对同一储层的多次压裂，优化已有裂缝，重建储层至井眼的线性流，采集因技术限制未能开采的页岩气。此项技术的核心在于裂缝转向，并且通过监测技术得到裂缝转向及裂缝网的结构信息。该项技术可使页岩气井最终采收率提高 8%～10%，可采储量提高 60%。

d. 清水压裂技术

此项技术的特点是根据储层状况，在清水中加入适当的添加剂。清水压裂技术无污染、耗资少，相较凝胶压裂成本下降 50%～60%，还可以产生复杂裂缝网，从而增产增效。Barnett 页岩采用该项技术后，最终采收率提高了 20%以上，作业费用减少了 65%。清水压裂技术已经成为开发 Barnett 页岩的主要手段。

e. 超临界 CO_2 压裂技术

CO_2 临界温度约为 31.04 ℃，临界压力约为 7.38 MPa，通常在地下 750 m 就可以达到临界点。超临界 CO_2 具有特殊的物理性质，用于压裂的发展潜力巨大。超临界 CO_2 具有低黏特性且表面张力极小(趋于零)，扩散系数大，容易进入狭小空间制造更多的微裂缝并有效驱替孔隙和裂缝中的 CH_4，从而使采收率提高。超临界 CO_2 中没有水，能避免水敏性页岩中黏土矿物膨胀而堵塞孔缝；破岩门限压力低、速度快，建井周期短；无污染，替代清水压裂可节约大量水资源。同时，CO_2 分子储存在低渗透性的页岩中将占据原有的 CH_4 分子空间。因此，可以将 CO_2 捕集与存储技术结合，从而减小温室效应。

f. 水力喷射压裂技术

水力喷射压裂技术通过高速高压流体携砂进行射孔，从而有效穿透套管并在天然砂岩上射出直径大于 30 mm、深达 780 mm 的孔眼。2005 年，美国对 Barnett 页岩的 53 口井进行水力喷射环空压裂，其中 26 口井产量增加明显，且在持续生产一段时间后效果更加明显。

不同压裂方式和压裂手段的对比情况如表 5-2 和表 5-3 所示。

表 5-2　不同压裂方式对比情况(据陈天云)

压裂方式	技术特点	适用条件
分段压裂	因地制宜，技术成熟，应用广泛	产层多，水平井段长
同步压裂	可增强相互作用，形成复杂裂缝网	井位距离近，良好后勤保障与协调工作
重复压裂	重建储层裂缝，性价比高	已开采过的井，产能下降的井

表 5-3　不同压裂手段对比情况(据陈天云)

压裂手段	技术特点	适用条件
清水压裂	成本低，污染低，可产生复杂裂缝网	天然裂缝系统发育的井
超临界 CO_2 压裂	扩散系数大，不含水，破岩压力低，速度快，环保	黏土含量高的页岩，可与 CO_2 储存结合的气井
水力喷射压裂	定位准确，无须机械封隔，节省时间	裸眼完井的生产

因为低渗透性是页岩的主要特征，所以页岩气的开发主要靠增产与监测两类技术。增产技术是提高产量的关键，也是工程实践的必备技术，主要包含水平井技术与压裂增产技术。压裂增产技术从提高页岩的渗透率与气体流动能力出发，来提高油气的采收率。总体上，分段压裂适宜层数较多的气井，同步压裂能适应井位密集的气井，重复压裂可充分开发已开采过的气井，清水压裂增产效果明显，超临界 CO_2 压裂适用于具有水敏性的页岩，水力

喷射压裂适用于裸眼完井。

（2）监测技术

由于页岩具低渗透特性，需要通过压裂来改造储层结构，同时要对页岩裂缝产状参数进行采集与分析。当前，页岩气开发监测技术主要有井下微地震裂缝监测技术、测斜仪裂缝监测技术、直接近井筒裂缝监测技术和分布式声传感裂缝监测技术。

井下微地震裂缝监测技术通过监测地层压裂过程中的微地震信号，实时获取缝高、缝长和方位等参数信息，从而精准判断裂缝的时空分布，是油气储层压裂效果最常用的监测手段。测斜仪裂缝监测技术通过在生产井周围以及邻井井下布置两组测斜仪来监测压裂过程中引起的地层倾斜的情况，从而掌握裂缝的实际参数，如裂缝方向、倾角和裂缝中心的大致位置，同时能够得到邻井中的裂缝高度、长度和宽度参数。直接近井筒裂缝监测技术主要是利用井中流体的物理特性获取裂缝信息的。该技术不能做到实时监测，而且会受到监测距离的限制。分布式声传感裂缝监测技术使用标准电信单模传感光纤传输声音信息，从而得到声音在光纤沿线的位置信息，进而推导出压裂液与支撑液的瞬时位置。裂缝监测技术对比情况如表5-4所示。

表5-4　裂缝监测技术对比情况（据贾利春）

监测技术	监测裂缝能力					局限性
	方位	倾角	缝长	缝高	缝宽	
井下微地震监测	能	可能	能	能	能	对监测井要求高，条件苛刻
测斜仪监测	能	能	能	能	能	无法确定单个和复杂裂缝的尺寸，深井不适用
直接近井筒监测	能	可能	可能	可能	可能	无须压裂后进行，且只能应用于井眼周边
分布式声传感监测	能	能	可能	不能	不能	无法确定复杂裂缝的尺寸

5.1.3　页岩气的利用

（1）提取裂解原料

页岩气中的乙烷、丙烷、丁烷属于低碳烷烃，具有良好的裂解特性，均是优质的裂解原料。如果将它们从页岩气中回收，送入乙烯装置进行裂解，可明显降低乙烯装置的生产成本和能耗，提高乙烯工业的经济效益。目前，国外的公司研发出多种从天然气中提取凝液（除甲烷外的低碳烷烃）组分的工艺，这些工艺的主要产品是液化天然气，副产品是凝液，乙烷回收率均可达90%以上。

（2）制备合成油

由于页岩气和常规天然气的基本组分相同，因此页岩气也可以用来制备合成油，即气制油（GTL）。气制油是天然气高效利用的重要途径，由于它不含硫、氮、镍杂质和芳烃等组分，是一种清洁能源，能满足现代社会对油品的苛刻要求。

柴油是气制油厂的主要产品，几乎不含硫，十六烷的含量为70%～80%。与常规炼油厂的清洁柴油相比，气制柴油性能要好得多，它的规格甚至能超过欧盟超清洁柴油。

目前，气制油技术已进入工业应用阶段。图 5-4 为壳牌公司在卡塔尔的气制油工厂。据统计，全世界在建和拟建的气制油装置已超过 10 套，其生产规模为 220～11 250 kt/a 不等。

图 5-4　壳牌公司在卡塔尔的气制油工厂(引自《壳牌投资者手册 2011—2015》)

不同气制油生产工艺，其产品略有不同。目前，全世界已建成的部分气制油工厂及其产品如表 5-5 所示。

表 5-5　全世界已建成的部分气制油工厂及其产品

公　司	厂　址	产能/(kt/a)	投产时间	产　品
Sasol/Chevron Texaco/QP	卡塔尔拉斯拉凡	1 700/5 000	2006 年/2009 年	液化气
Shell/QP	卡塔尔拉斯拉凡	7 200	一期 2009 年、二期 2011 年	石脑油、柴油、少量基础油、石蜡
Conoco Phillips/QP	卡塔尔拉斯拉凡	8 000	2010 年	液化气、石脑油、柴油、少量基础油
Sasol/Chevron Texaco/QP	卡塔尔拉斯拉凡	6 500	2010 年	液化气、石脑油、柴油、少量基础油
Exxon Mobil/QP	卡塔尔拉斯拉凡	7 200	2010 年	液化气、石脑油、柴油、少量基础油
Sasol/Chevron Texaco	尼日利亚埃斯克拉沃斯	1 700	2006 年	液化气、石脑油、柴油
Sasol/Chevron Texaco	南非莫塞尔湾	11 250	1991 年	汽油、柴油
Shell	马来西亚民都鲁	700	1993 年	化学品、柴油、基础油、石蜡

(3) 制备化学品

① 页岩气制氢气

目前，制备氢气的途径有两种：一种途径通过制备合成气(H_2和 CO 的混合气)进而得到氢气；另一种途径通过甲烷的催化裂解得到氢气。甲烷惰性比较强，其活化需要的条件比较苛刻。

② 页岩气制合成氨(尿素)

页岩气首先经过脱硫工序除去各种硫化物，然后与水蒸气混合预热，在一段转化炉的反应管内进行转化反应，产生合成气和 CO_2，同时还有未转化的 CH_4 和水蒸气，一段转化气进入二段转化炉，在此加入空气以继续完成 CH_4 转化反应和提供合成氨所需的氮气，采用甲烷化的方法除去 CO 和 CO_2，最后将含有少量 CH_4、Ar 的 H_2、N_2 压缩至高压状态送入合成塔进行合成氨反应。

③ 页岩气制甲醇

随着甲醇制烯烃工艺技术的发展与应用，国内外市场对于甲醇的需求与日俱增。利用合成气制备甲醇是当前工业生产甲醇的主要方法。甲烷和水直接合成甲醇和氢气，是页岩气资源和氢气绿色开发应用的一种有效方式。页岩气的主要成分是甲烷，若能结合甲烷蒸汽转化技术制备甲醇，必将很大程度上拓展页岩气的利用前景。

④ 页岩气制乙烯

乙烯作为基础工业原料，在石化工业中占据着重要的地位。将页岩气中的甲烷转化成乙烯，会成为页岩气未来主要的利用途径。甲烷制备乙烯的方法分为一步法、二步法、三步法。一步法主要有氧化偶联法和选择性氧化法，我国在氧化偶联法制备乙烯方面处于国际领先水平。二步法则主要包括合成气路线、氧化路线和氯化路线，目前的技术尚未成熟，不能满足工业要求。三步法具体分为甲醇路线、二甲醚路线、乙醇路线，其中甲醇路线是现在应用最多的工艺。尽管一步法工艺尚不具备工业应用条件，但该工艺的技术经济意义巨大，工业化前景值得期待。

⑤ 页岩气制芳烃

芳烃是一类重要的化工原料。将甲烷催化转化成为芳烃，能极大地提高页岩气的商业价值。当前甲烷转化成芳烃的主要方法是部分氧化法和无氧脱氢法。部分氧化法反应过程中，甲烷转化率很低并且芳烃选择性回收率低，另外会生成大量二氧化碳，对环境不友好，发展潜力不大。目前，甲烷无氧脱氢芳构化已经成为甲烷利用研究中的一个重要分支，但是离应用还有一定距离。

页岩气除了用于提取裂解原料、制备合成油和化学品外，还可以用来发电，制备碳纳米管、纳米碳纤维或纳米碳颗粒等。

5.1.4 页岩气开采与利用展望

美国页岩气的成功开发，扭转了天然气长期依赖进口的局面，从而使美国下游制造业成本下降，推动了经济发展，在一定程度上影响了世界能源格局，引发了世界范围内的页岩气开发热潮，并迅速扩展到加拿大、波兰、英国、阿根廷、南非和中国等国家，已经在世界范围内产生了重大影响。近年来，页岩气的勘探开发异军突起，已成为全球油气工业中的新亮点。加快页岩气资源勘探开发,已经成为世界主要页岩气资源大国和地区的共同选择。

美国最先制定了关于页岩气开发的政策体系,这一体系成为之后诸国开发页岩气政策的基本参照。美国政府为促进页岩气的产业化发展,出台了一系列的产业扶持政策。例如:提供资金资助研究机构开展技术研发,突破技术约束;降低企业开采成本;同时开放投资市场,打造多元化的投资环境,充分调动民间资本等。美国政府的主要页岩气产业政策如表 5-6 所示。

表 5-6　美国政府的主要页岩气产业政策(据汪金伟)

年份	公布的法案及相关政策	内容及效果
1978	《天然气政策法案》	将致密气、煤层气和页岩气统一划归为非常规天然气,保证页岩气等非常规天然气的开发税收和补贴政策
1980	《原油暴力税法》	1980—1992 年钻探的非常规天然气(包括煤层气和页岩气)可享受每年每桶油当量 3 美元的补贴
1992	《原油暴力税法》修正案	设立能源生产税收补贴,持续对页岩气等非常规气进行补贴
1992	《能源政策法案》	扩展了非常规能源补贴范围,以保护页岩气开发
1997	《纳税人减负法案》	延续了对非常规能源的税收补贴政策
2004	《美国能源法案》	10 年内政府每年投资 4 500 万美元用于支持非常规天然气的开发
2005	《能源政策法案》修正案	2006 年投入运营的生产非常规能源的油气井,可在 2006—2010 年获得每桶油当量 3 美元的补贴

随着社会对清洁能源需求规模的不断扩大,我国天然气价格不断上涨。我国已将页岩气列为新型能源发展的重点,并纳入了国家能源发展规划。页岩气作为国家能源安全的重要组成部分,有望改变我国能源结构和能源格局。初步预计,到 2030 年,全国页岩气产量将达到 1 500 亿 m^3,占天然气总产量的 27.3%,如表 5-7 所示。

表 5-7　中国天然气产量预测(据潘继平)　　单位:亿 m^3

类型	2015 年	2020 年	2030 年
页岩气产量	50	800	1 500
天然气总产量	1 450	3 500	5 500

虽然我国页岩气资源丰富、类型多样,但开采地质条件复杂,开采理论与技术相对滞后,开采技术条件限制因素多,开采成本较高。当前,我国页岩气产业虽在少数地区成功实现了商业开发,但与美国和加拿大相比较,整体而言仍处于发展的初级阶段,还没有大规模开发,开发过程中还存在很多问题需要解决,如需要健全行业立法和标准,整合优化管理和监管机构职能,统一管理,建立政策协调机制,完善矿权管理方面进入和退出机制等。因此,我国的页岩气开发不能完全照搬美国的经验、技术、政策及法规,必须探索出一条适合我国自身特色的页岩气开发技术与发展道路。

页岩气是我国发现的第 172 个矿种，当前矿产资源法律体系中并没有具体用于规制页岩气开发利用的法律法规，但是我国仍然有部分法律法规对页岩气开发形成了约束。表5-8 列出了我国页岩气开发管理法律制度框架。

表 5-8　我国页岩气开发管理法律制度框架(据汪金伟)

年份	法律法规	内　　容
1996	《矿产资源法》	总体上约束我国矿产资源开发，对有关新矿种页岩气的各项活动形成基本约束
1998	《探矿权采矿权转让管理办法》	对页岩气探矿权、采矿权的转让范围、转让条件、转让的程序及相应的法律责任做了规定
1996	《水污染防治法》	约束页岩气开发利用过程中的压裂液返排可能形成的地下水污染问题
2002	《清洁生产促进法》(修订)	约束页岩气生产过程中的污染物排放，如甲烷泄漏等
2008	《循环经济促进法》	约束页岩气生产过程中的资源消耗，特别是水资源

近年来，为完善页岩气开发利用过程中的监管力度，同时为加快页岩气产业化的进程，提高生产积极性，我国政府出台了多项法律法规，力图推进和规范页岩气行业的发展。2011 年，国家发展改革委和商务部联合发布了《外商投资产业指导目录(2011 年修订)》，将页岩气列入鼓励外商投资产业目录，在合资、合作的条件下鼓励外商投资中国页岩气产业。2012 年，财政部和国家能源局发布了《关于出台页岩气开发利用补贴政策的通知》，给予 2012—2015 年间的页岩气生产 0.4 元/m^3 的补贴。2012 年，国土资源部出台了《关于加强页岩气资源勘查开采和监督管理有关工作的通知》，规定开采页岩气实行“开放市场”的准则，鼓励社会各类投资主体依法进入页岩气勘查开采领域。2013 年，国家为从事煤层气、页岩气生产以及为生产煤层气、页岩气提供生产性劳务的油气田企业提供税收优惠，缴纳增值税可采用与开发石油、天然气一样的 17%的税率。同年，国家能源局发布《页岩气产业政策》，将页岩气纳入国家战略性新兴产业。

我国页岩气的开发还面临几个比较突出的问题。首先是在页岩气勘探阶段遇到的矿权重叠问题。页岩气作为我国的新型矿种，在其赋存的地质空间还可能存在其他矿种，如何协调矿权问题已经成为页岩气开发领域的主要矛盾之一。其次，页岩气生产阶段存在开采成本高、水资源短缺、环境风险大等特点，尤其是耗水量大和可能诱发地震等问题成为社会广泛关注的焦点。最后，完善的管网体系及运输无壁垒是页岩气具有合理开发成本的保证。我国已建成的天然气管道仅有 6 万多千米，且多处于偏僻山区，运输条件限制了我国页岩气产业的发展。

5.2　油　页　岩

5.2.1　油页岩概述

(1) 油页岩的定义

油页岩(见图 5-5)是一种具有无机矿物质骨架,且骨架内富含可燃有机质的沉积岩,又称油母页岩,属于非常规油气资源。油页岩是一种固体化石燃料,可直接燃烧产生蒸气用于发电,还可用于制取水泥等建材。

图 5-5　油页岩

(2) 油页岩的特征

油页岩最典型的特征是具有片理性。当油页岩受到力的作用时,有可能会按层分裂成薄片,它的这种性质根据产地的不同有很大差异。油页岩中无机矿物质含量要高于有机质,有机质的比例通常小于 35%,而无机矿物质的比例通常为 50%～85%。所以,油页岩作为燃料时,其灰分比较高。油母质和沥青质是油页岩有机质的主要成分。其中,油母质是有机高分子聚合物,不溶于普通有机溶剂;沥青质可以溶于有机溶剂。

油页岩在隔绝空气或氧气的情况下,被加热至 400～500 ℃(干馏),油母质热解,产生页岩油、干馏气、固体含碳残渣及少量的热解水。与煤相似,油页岩可以在空气中燃烧,能用于加热水、供热和发电。在油页岩的油母质中氢原子的含量是碳原子的 1.2 倍,油母质较均匀地分布在黏土质或泥土质的矿物基质内。

油页岩被加热到一定温度后会生成页岩油。页岩油是油母质热解后的产物。通常,产地不同,油页岩的含油率也不同,一个矿区的不同层位油页岩的含油率也不一样。

(3) 油页岩的形成过程

油页岩属于腐泥岩,它的生成过程分三个步骤:原始物质先转化为腐泥胶,再转化为腐泥,最后成为腐泥岩,即腐泥煤。

形成油页岩的原始物质主要来自水生动植物的遗体以及沼泽地带沉积的高等植物的孢子、花粉等物质,它们在氧气稀薄的静水环境下,长期受到微生物(细菌)作用而变成腐泥胶。腐泥胶水分高达 90%,它的形状如一簇簇棉絮,外观呈暗褐色质。腐泥胶内部有胶状结构,它形成后已经看不出之前的物质形态。腐泥胶是连续形成的,堆积到一定程度后,在厌氧细菌的作用下变成腐泥。

腐泥作为淤泥,含有大量的有机质,是结构十分柔软的油腻物质。随深度的增加,腐泥层的稠度增加,直至变为膏状。腐泥中除了含有少量的有机物质外,还含有泥土等大量的无机物质。流水带进来的一部分泥土,以及溶解在水流中的无机盐类,经过沉淀的过程,会与已经死亡的有机体混合并沉积下来。腐泥中的有机物质会在微生物的作用下逐渐腐烂，含量逐渐降低，而无机物质成分逐渐增加。在有机物质转化的过程中，常常会发生化学成分的变化，如纤维素和糖类会在细菌的作用下生成二氧化碳和水，蛋白质会分解成氨和胺等物质，脂肪水解生成脂肪酸和醇类，脂肪酸发生去羧基作用。

随着腐泥堆积的进行，沉积物中的空隙逐渐变小，沉积条件会随着时间发生变化，腐泥中的水分会因为矿物质掩埋而减少，细菌由于生存条件不适合而变得无法生存。最终，腐泥被埋藏，受到压力的作用且逐渐发生化学变化，这是腐泥岩成型的阶段，称为成岩阶段。在成岩阶段，高分子聚合物由生成的不饱和脂肪酸与其他不饱和化合物叠加而成，腐殖质由腐殖酸发生去羧基反应之后聚合而成，生成的高分子化合物和无机质一起形成了腐泥煤。

虽然腐泥煤的大部分是均匀的，但是其中也存在藻类、孢子，甚至鱼类化石等物质。腐泥煤中的无机矿物质占大部分。前已述及，流水或风可将矿物质带进来，如黏土；溶于水的物质会发生沉积，如各种盐类。其中，很大一部分无机质是动植物遗体分解和转化产生的无机残留物，例如藻类的硅酸骨骼、贝壳中的碳酸钙等。

假如腐泥煤的有机质是均匀的，原始形态的组分已经基本消失，无机质的比例较少，这种无机物很少的腐泥煤也叫作藻煤。如果腐泥煤中的有机质较均匀，但含有大量的无机物质，且占腐泥煤质量的1/3以上，则此种腐泥煤称为油页岩。有时候，有些腐泥煤中的无机物质的质量大于自身质量的1/3，称这种腐泥煤为腐泥质页岩，也称为碳质页岩。

碳质页岩与油页岩有较大的区别，油页岩的芳构化程度较低，但是它的油母质的含氢量较多，在进行加热干馏的操作时，以油母质为基准时的收油率较高。

油页岩物质与矿物质薄层（通常厚度小于1 mm）交替所组成的纹层导致油页岩具有片理性。这种纹层的形成是在较稳定的沉积条件下，由于季节性的变化，生物质和矿物质交替沉积的结果。

另外，油页岩是在水底形成的。在不同的地质、水流、气候的作用下，油页岩可能还会和不同的碎屑岩层相互交错，这就造就了油页岩矿藏的多层性，每一层厚度基本不相等。

5.2.2 油页岩的资源量与分布

世界油页岩的储量巨大，如果按照一定的标准折算为页岩油，能达到4 000多亿吨，大于世界已探明的原油可采储量（2 400多亿吨）。在油价不断上涨的今天，许多国家把油页岩的开发和干馏制取页岩油提上日程。可以把油页岩视为石油的补充能源。尤其是和我国具有类似情况（原油供不应求）的一些国家，更需要抓住开发油页岩的机会，尽快规划开发。

(1) 世界油页岩资源量与分布

① 古生代寒武纪和奥陶纪

绝大多数的寒武纪油页岩都沉积在斯堪的纳维亚半岛以东加拿大寒武纪地质大陆边缘的浅海中，以及美国和加拿大的中、东部，瑞典等地区。由于它们很多都在漫长的年代里经历了中等程度的热演化，所以含油率中等。奥陶纪的库克瑟特及有关油页岩含油率则很高（20%），它们位于爱沙尼亚塔林和俄罗斯圣彼得堡之间，由浅埋（5～100 m）的较薄

(2.5～3 m)油页岩构成。库克瑟特油页岩中的有机物质含量能达到40%,页岩油和气的转化率可达到66%。页岩油、家庭用气、化学品都可以用这些油页岩生产,其中品质不好的可以用于发电。该地区的油页岩储量为210亿t,相当于35亿t页岩油。该年代其他的油页岩位于俄罗斯的西伯利亚地区。

② 古生代志留纪和泥盆纪

该时期,油页岩沉积在覆盖北非的利比亚和阿尔及利亚以及美国中、东部的巨大大陆棚的浅海中。在非洲,含油率很高的油页岩是位于海侵志留纪的黑页岩。在美国,泥盆纪黑页岩占据了矿藏的大部分,矿床主要延伸在印第安纳州、肯塔基州和俄亥俄州地区;田纳西州、亚拉巴马州和其他州的油页岩储量也相当于100亿t的潜在页岩油。

③ 古生代石炭纪和二叠纪

石炭纪和二叠纪油页岩广泛分布在冈瓦纳地区。世界上第二大的油页岩矿床为巴西南部二叠纪的伊拉蒂油页岩。在巴拉那靠近南里奥格兰德的地区有两层沉积物(一层厚度3.2 m,含油率8%;另一层厚度6.5 m,含油率6.4%),中间有8 m厚的不含油沉积物。据估计,该地区页岩油总储量达1 200亿t。在乌拉圭和阿根廷也有相同的地层。其他含油率高的石炭纪、二叠纪油页岩有澳大利亚的煤油页岩、塔斯曼油页岩和南非安米洛油页岩。塔斯曼和安米洛油页岩主要含黄色有机物,估计是藻类的遗体。在北半球,还有很多较小的油页岩矿藏,往往与煤矿伴生,出现在西欧的海西造山带和阿帕拉契山脉的石炭纪或二叠纪的构造或造山运动后的盆地中,如苏格兰、法国、西班牙、加拿大东部阿尔伯达和美国东部及西北部的油页岩。

④ 中生代三叠纪、侏罗纪和白垩纪

非洲扎伊尔有广泛的与石灰岩和火山岩伴生的三叠纪湖生油页岩,其产油率很高,估计有150亿t潜在含油量。瑞士、奥地利和意大利也有三叠纪油页岩。侏罗纪黑页岩广泛分布在西欧,包括很多富矿。在亚洲东部和北部有侏罗纪和白垩纪与煤伴生的油页岩。在阿拉斯加也有这类油页岩,包括塔斯曼油页岩、烛煤和一种被称为"鲸鱼岩"的页状煤的海相沉积。在加拿大中南部和美国西部有低品位的白垩纪油页岩。一种与磷灰岩和燧石共生的海相黑页岩分布在中东的几个国家,如叙利亚、以色列和约旦等。

⑤ 新生代古近纪、新近纪

美国的湖相绿河油页岩是主要的古近纪、新近纪油页岩。它是世界上储量最大的油页岩,估计有3 000亿t潜在含油量,主要分布在4个盆地:科罗拉多州的皮森斯盆地,估计储量占2/3;犹他州的尤英塔盆地,绿河油页岩在此盆地边缘处露头;怀俄明州的绿河盆地和瓦沙基盆地。绿河油页岩在尤英塔盆地北部埋藏很深,达6 000 m,成为阿尔塔蒙特和其他油田的生油岩层。古近纪、新近纪的湖相沉积还包括巴西的帕拉伊巴和塞尔维亚的阿莱克西纳茨页岩。非海相油页岩,有与煤田伴生的中国抚顺油页岩;还有中国茂名油页岩,储量也不小。此外,很多小矿床出现在欧洲、南美和美国西部因古近纪、新近纪造山运动形成的局部盆地和地堑中。在意大利西西里岛、美国加利福尼亚州和俄罗斯南部都有海相古近纪、新近纪黑页岩,前者的油页岩潜在储量约达50亿t。

(2) 我国油页岩资源量与分布

初步勘查显示，我国的油页岩储量巨大，1 000 m以浅的预测资源量能达到7 200亿t，相当于476亿t页岩油，主要分布在松辽、鄂尔多斯、准格尔、抚顺和茂名等盆地。我国油页岩资源探明程度不高，全国已探明储量约500亿t，相当于27.4亿t页岩油，主要分布在吉林、广东和辽宁等省。油页岩矿藏分布于20个省(区)，共有盆地47个，含矿区80个。我国若干主要油页岩矿藏的沉积类型和特征见表5-9。

表5-9 我国若干主要油页岩矿藏的沉积类型和特征

名称	时代	产地	成因	特征
抚顺油页岩	古近纪、新近纪	辽宁抚顺盆地	沼泽或湖成	褐色，上为绿页岩，下为煤层，含藻类、孢粉等化石
茂名油页岩	古近纪、新近纪	广东茂名盆地	湖成	褐色，夹碳质页岩，含藻类、鱼类等化石
东北海拉尔油页岩	白垩纪	海拉尔盆地	湖成	深灰色泥岩、黑色页岩夹油页岩，夹鱼类化石，时见沥青
六盘山油页岩	白垩纪	六盘山地区	湖成	蓝灰色泥岩夹灰岩，中下部夹薄层黑色油页岩
安定组油页岩	侏罗纪	鄂尔多斯盆地东部	湖成	黑色油页岩和杂色灰泥岩互层
延长组油页岩	三叠纪	鄂尔多斯盆地东部	湖成	油页岩和砂岩互层
延长组油页岩	三叠纪	鄂尔多斯盆地南部	湖成	黑色油页岩夹泥质粉砂岩，有鱼类和介形虫化石，所夹砂岩含油
伊犁油页岩	三叠纪	伊犁盆地阿夫拉尔山南坡	湖成	黑色油页岩夹沥青质灰岩，节理中的方解石脉被沥青充填
陕南油页岩	志留纪	陕南汉中	湖成	下部为含油硅质层夹泥质油页岩，上部为硅质油页岩，含分散状黄铁矿和笔石化石，并具油迹和沥青质

5.2.3 油页岩开采与利用

将埋藏在地下的油页岩，设法在地下直接加热生成页岩油气，并引导至地面，这被称为地下干馏，也叫作就地干馏。油页岩的就地干馏免除了油页岩的开采，缺点是干馏生成的油气容易泄漏，所以获得页岩油收率很低，还有可能污染地下水源。因此，油页岩不经开采而直接在地下干馏的工艺始终未能在工业上实践。也就是说，在工业上，通常埋藏于地下的油页岩须先开采出来，再在建于地面上的干馏装置内进行干馏而产生页岩油气，即所谓的地上干馏。在工业上，将埋藏于地下的油页岩开采出来，是油页岩加工利用——干馏炼油(或燃烧产气发电)的首要环节。因此，油页岩地下开采的费用成为干馏炼油成本的重要组成部分。

油页岩的开采方式分为露天开采和地下开采。当地下的油页岩层倾角较缓、埋深较浅，即岩土覆盖层较薄，如在地面以下500 m以内，且油页岩层很厚，如达数十米时，通常采用露天开采方式，即剥离覆盖于油页岩层上面的岩土，使油页岩层敞露于地表，然后进行开采。当油页岩层埋深大于 500 m 时，通常采用地下开采方式。

露天开采油页岩较地下开采有很多优点，如总投资低、建设快、产量大、费用低、油页岩损失少(采出量可达 90%以上)、劳动生产率高、作业较安全、伴生矿物易于一起开采等。但是，与地下开采相比，露天开采容易受气候条件影响，占用地面较多，前期投资也比较大。

有些油页岩与煤共生，位于煤层之上，成为采煤的副产品。此时，油页岩的开采费用可大幅度降低。

(1) 露天开采

露天开采必须首先考虑油页岩层的埋深和剥采比。为了开采油页岩，需要将覆盖在其上的岩层先剥离掉，剥离的岩土量和可采出的油页岩量之比即油页岩露天开采的剥采比。剥采比是影响露天开采经济性的重要因素。如果油页岩层较薄，覆盖于其上的岩土层又较厚，则此时的剥采比就较大，剥离岩土层的成本相对较高，经济效益就相对差一些，从而会导致油页岩的干馏炼油或燃烧发电的成本过高。

油页岩露天开采的主要工序包括岩层穿孔、爆破、岩土和油页岩的采装、岩土和油页岩的运输。对坚硬的岩石，要用钻机钻孔进行爆破，以利于挖掘。如没有坚硬的地层，则可能不需要穿孔和爆破。岩土和油页岩的采装可用单斗挖掘机、轮斗挖掘机、吊斗挖掘机等采剥设备。岩土和油页岩的运输方式可以是铁路运输、载重卡车运输、胶带运输或几种方式联合运输。

对油页岩层很厚的露天开采，我国目前通常将矿场划分为若干水平分层，自上而下进行采掘。这些分层的采剥面相互保持一定的垂直距离，从而形成台阶。台阶高度一般为6～10 m。

当前，露天开采油页岩，对覆盖层薄、油页岩层厚即剥采比不大的矿区，开采费用 40～80 元/t。如果油页岩是露天采煤的副产品，则其开采费用可能在 10～15 元/t。在国外，露天开采油页岩，开采费用 5～10 美元/t。

(2) 地下开采

油页岩的地下开采通过井巷进入地下工作面进行采掘，并将油页岩输送至地面。地下工作面是开采油页岩的工作场地，在工作面进行油页岩的采掘、装运，以及支护、采空区处理等工序。地下开采的设备包括采矿机、输送机和提升机等。地下开采设置的井巷包括采区巷道、运输大巷、井底车场和井筒等。除了开采系统外，还有掘进系统，以准备新的接替生产的工作面，包括凿岩、压风、运送矸石和巷道支护等工序。此外，应具有通风系统，它由进风井巷、回风井巷和通风机等组成。另外，还应有排水系统、供电系统、辅助运输系统、安全防治系统等。

油页岩地下开采的工艺类似于煤炭，主要有炮采工艺、普通机械化开采工艺和综合机械化开采工艺。炮采工艺就是在工作面用打眼爆破的方法破岩、人工装岩、输送机运矿和单体支柱支护的开采工艺，其投资少、机动灵活，但单产低、劳动强度大、安全性较差，一般适用小矿。普通机械化开采工艺工作面开采采用采矿机，支护采用单体液压支柱。综合机械化开采工艺开采采用采矿机，支护采用液压支架。综合机械化开采工艺的机械化程度高、效率高，适于产量较大的矿，但生产费用较高。

当前，我国地下开采油页岩的成本为100～150元/t。地下开采的方法主要有壁式开采和房柱式开采，具体过程同煤炭开采类似。

(3) 油页岩加工利用

油页岩可以作为石油的替代能源，具有很好的开发利用前景。除可用于提取页岩油外，油页岩由于其特殊的组成和结构，还可用于发电、化工、医药、建筑、农业等方面。因此，油页岩拥有巨大的综合开发潜力。

目前，发电和供暖是油页岩的主要利用途径。据统计，2000年开采的油页岩69%用于发电和供暖，25%用来提取页岩油及其副产品，6%用在其他方面。2002年爱沙尼亚开采油页岩达到3 000万t。油页岩产生的电力除了能满足该国的需求，还能出口到相邻国家。油页岩发电后产生的灰渣还能做建筑材料。油页岩中还有稀有和稀土元素，并且经过实验分析发现，油页岩发电后产生的灰渣中稀有元素更加富集。目前从油页岩中提取稀有元素已经顺利度过了实验阶段，俄罗斯专家提出，如果稀有金属质量分数超过1.0×10^{-5}就能被提取。

油页岩中的黏土矿物含量比较高。因此，油页岩可以被制成肥料或者土壤稳定剂，用于中和土地。该用途先后在俄罗斯、匈牙利、乌克兰、奥地利、保加利亚等国家得到应用。虽然油页岩工业出现得较早，却发展迟缓，技术是影响其发展的主要原因。因为技术的限制，油页岩工业开发成本过高，与常规能源相比竞争力不强。同时，由于油页岩工业对环境有严重的污染，很多国家并不支持油页岩工业的发展。这些都限制了油页岩工业的进步。因此，在不断提高技术水平、减少环境污染的基础上，坚持综合开发和综合利用，走炼油—化工—发电—提取多金属—建材一条龙联合生产的途径，尽量降低成本(见图5-6)，才是页岩油工业应该发展的方向。现在的问题主要集中在如何才能绿色高效地对油页岩进行开发，如果这一问题得到解决，油页岩开采将迎来黄金年代。

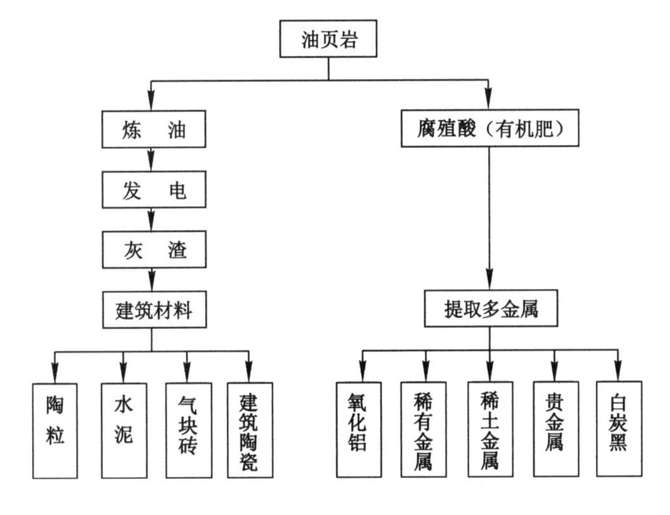

图5-6　油页岩综合开发利用流程

5.3 油　　砂

5.3.1 油砂概述

(1) 油砂的概念与分类

油砂(见图 5-7)又称沥青砂,是一种含有天然沥青的砂岩或其他岩石,主要含有砂、沥青、矿物质、黏土和水。地区不同,油砂的组成也会发生变化。通常,沥青的含量在 3%～20%,砂和黏土的含量在 80%～85%,水的含量在 3%～6%。油砂经开采、提取、分离,可以得到合成原油;分离后的砂既可以作为建筑材料,也是修建柏油路面的优选材料。

图 5-7　油砂

油砂沥青指的是在油砂矿中被直接开采出来或在油砂中被初次提炼出的未经工业处理的石油。国际上通常将黏度极高的原油称为天然沥青或沥青砂油,也就是通常所说的油砂油。油砂油的黏度大于原油,它的低流动性决定其要稀释才可以用输油管线输送。

不同国家对油砂资源有不同的分类标准。加拿大和美国等西方国家把油藏条件下黏度大于 10 000 mPa·s 的石油称为油砂油或天然沥青。当无黏度参数可参照时,把相对密度大于 1.00 作为划分油砂油的指标。重油是指相对密度变化在 0.934～1.00 之间的石油。各个国家和组织对重油及沥青的定义有所区别。为了制定统一的标准,联合国培训研究署于 1982 年在委内瑞拉召开了第二届国际重油及沥青砂学术会议,并达成了共识(见表 5-10)。

表 5-10　联合国培训研究署推荐的重油及沥青分类标准

分类	第一指标	第二指标	
	黏度*/(mPa·s)	相对密度(15.6 ℃)	密度(15.6 ℃)/°API
重油	100～10 000	0.934～1.00	10～20
沥青	>10 000	>1.00	<10

注:* 指油层条件下的黏度;°API 是美国石油协会制定的用以表示石油产品密度的一种度量单位。

参考国际稠油和天然沥青的分类标准,以及我国现行的稠油分类标准,对国内油砂油的界定如下:在油层温度条件下,黏度大于 10 000 mPa·s,或者相对密度大于 0.95 的原油称为油砂油(见表5-11)。

表5-11 中国油砂油分类标准

	主要指标	辅助指标
	黏度/(mPa·s)	相对密度(20 ℃)
油砂油	>10 000	>0.95

一般油砂沥青是黏稠的半固体,是烃类和非烃类混合成的有机物质,碳元素含量高达80%,还含有氢元素和较少量的氮、硫、氧及金属元素(如钒、镍、铁、钠等)。中国新疆克拉玛依、内蒙古二连浩特以及加拿大阿萨巴斯卡(Athabasca)等地油砂的组成见表5-12。

表5-12 中国、加拿大油砂的组成

	中国新疆		中国内蒙古		加拿大阿萨巴斯卡		
	小石油沟	克拉扎背斜	吉尔嘎朗图泥岩	吉尔嘎朗图砂岩	高品位	中品位	低品位
沥青/%	9.0	12.1	9.0	9.9	14.8	12.3	6.8
水/%	0.7	1.7	1.7	1.6	3.4	4.2	7.4
矿物质/%	90.3	86.2	89.3	88.5	81.8	83.5	85.8
合计/%	100	100	100	100	100	100	100

(2) 油砂矿的形成

大量研究表明,油砂矿与重油、常规原油有共生或过渡的关系。我国东部的断陷地带有很好的生油中心,常规油田多是沿生油中心内缘分布的圈闭形成的,有原生性质。原油在从内向外运移的过程中,会发生生物降解、水洗和游离氧的氧化,逐渐稠变为重油,在盆地边缘形成重油带及油砂矿。

石油地质工作者一致认为,进入储层后的石油会发生运移、稠变。整个稠变过程实质上是一个由深层向浅层,由与地表水不连通的系统到与地表水连通系统周期性运移的过程。在转移的过程中,石油经历了运移、聚集、再运移、再聚集……石油随之变得越来越重、越稠,有些甚至成为固体沥青。因此,稠变作用是石油进入储层以后的各个阶段,变稠变重的各种作用的统称,而每一阶段的稠变作用既有其独特性又有共性。油砂矿的形成和一般油藏一样可分为两个阶段——运移阶段和油藏形成阶段。无论在哪个阶段,导致油砂矿形成的稠变作用的主要因素包括生物降解、轻烃挥发、水洗、游离氧氧化等冷变质作用,这些作用造成油质中极性杂原子重组分——胶质、沥青质的富集。

油砂矿的形成、分布与规模主要取决于以下两方面:

① 相当规模的常规油形成与聚集。盆地在其地质历史的演化过程中,具有相当规模的常规油气聚集是形成油砂资源的前提。

② 后期构造运动。后期构造运动的发生为石油进入连通系统提供了动力。即只有在

油气生成、聚集之后发生的构造运动，才能为原始聚集的常规油进入连通系统创造条件。如产生开启断层、不整合面以及开启储层等。同时，构造运动又必须在连通系统内创造较好的或一定的封盖条件，从而使石油在连通系统内不会迅速散失，能够有相当数量的石油聚集。从而，既经历运移期又经历油藏期的稠变作用，为形成相当规模的重油沥青奠定了基础。

综上所述，在盆地（或凹陷）内，必须有足够数量的石油由非连通系统进入连通系统聚集，并遭受各种稠变因素的作用，这样，最终才可在连通系统中形成油砂。

5.3.2 油砂资源量与分布

（1）世界油砂资源量与分布

根据美国地质调查局2004年的统计，世界上油砂油可采资源量为1 035亿 m^3，约占世界石油可采资源量的32%。如果油砂被全部开采利用，按照目前的石油需求水平，油气资源的使用时间可延长几十年甚至上百年。

世界油砂资源分布很不平衡，主要沿两个带——环太平洋带和阿尔卑斯带分布。环太平洋带包括东委内瑞拉盆地、阿尔伯达盆地、列那—阿拿巴盆地和中国东部诸盆地；阿尔卑斯带包括印度坎贝海湾、欧洲诸盆地和中国西部盆地。

油砂资源比较丰富的国家有加拿大、俄罗斯、委内瑞拉、美国和中国，它们分别拥有世界油砂资源量的45.8%、18.7%、6.4%、1.7%和1.2%。

（2）我国油砂资源量与分布

我国油砂资源丰富，地质资源量59.7亿t，可采资源量22.58亿t，主要分布在青海、西藏、新疆、内蒙古、四川、广西、贵州、浙江等省（区）。其中，西部地区的油砂资源量最丰富，地质资源量32.89亿t，可采资源量13.61亿t，分别占全国地质资源量和可采资源量的55.1%和60.3%；其后依次是青藏地区、中部地区、东部地区、南方地区。我国油砂资源分地区评价数据见表5-13。

表5-13 全国油砂资源分地区评价数据

地区	油砂资源量			
	地质资源量/亿t	比例/%	可采资源量/亿t	比例/%
东部	5.31	8.9	1.97	8.7
西部	32.89	55.1	13.61	60.3
南方	4.50	7.5	1.98	8.7
中部	7.26	12.2	2.78	12.3
青藏	9.74	16.3	2.25	10.0
合计	59.70	100	22.58	100

数据来源：《全国油砂资源评价》(2009)。

5.3.3　油砂的开采与利用

沥青大部分在有机溶剂里可溶，但是在油藏条件下流动性极差，因此，进入输油管输送前需要经过稀释；基于流动性差这个条件，油砂矿开采与常规油气区别较大，需要使用新的开采方法开采。根据油砂矿埋藏深度的差异，国际上通常采用的开采方法主要有露天开采、就地开采及其他方法，以露天开采和就地开采为主。例如，加拿大 80%的油砂需要采用就地开采法开采，其余 20%可以采用露天开采法开采，如图 5-8 所示。

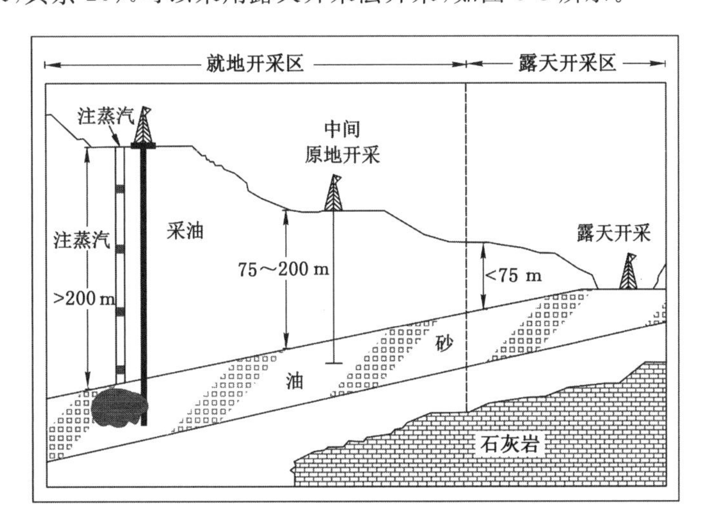

图 5-8　加拿大阿尔伯塔油砂开采方式(据郑德温)

(1) 露天开采

露天开采主要适用埋藏较浅(通常小于 75 m)的近地表油砂。它的特点是资源回收率高、劳动效率高、生产相对安全并可用大型自动化机械设备。相较其他开采方法，露天开采所需的设备及费用低、油砂油采收率高、技术上较为成熟，在加拿大和委内瑞拉等国家已形成大规模工业化开采。

卡车和铲车是露天开采的常用机械设备，灵活性好，成本具有优势。相比传统的传送带运输，油砂的水力管道运输优势更大，沥青和砂的分离萃取过程更加简化，分离条件可以得到优化，能耗降低。

(2) 就地开采

对埋藏较深的油砂，如果采用露天开采方法，盖层剥离工作量非常大，成本将大幅度增加。这些埋藏较深的油砂储量约占总储量的 85%以上，这部分油砂资源需要采用就地开采方法开采。就地开采包括两种主要方式：热采法和冷采法。热采法有很多成熟的技术，如蒸汽吞吐和蒸汽驱技术、蒸汽辅助重力泄油技术、地下水平井注气体溶剂萃取技术、井下就地催化改质开采技术、水热裂解开采技术等。

① 出砂冷采技术

20 世纪 80 年代末期，加拿大研发了出砂冷采技术。该技术通过大量出砂在油藏中形成“蚓孔”网络，可大幅度增加油层孔隙率及渗透率，极大改善油层渗流能力；形成的稳定泡沫油密度变小，油砂油流动性变好；受覆岩压力影响，油层发生压实作用，孔隙压力及驱动能量变大。

投资少、日产油量高、开采成本低和对地层伤害小是出砂冷采技术的优势，这也是它被广泛应用的原因。据统计，已有 20 多家加拿大石油公司采用出砂冷采技术；赫斯基、森科、美孚和德士古等大型石油公司广泛应用这项技术。出砂冷采技术优势巨大，值得大规模应用。

② 蒸汽吞吐和蒸汽驱技术

蒸汽吞吐开采的技术原理是，以通入高温蒸汽加热地层的方式使原油黏度变低，流动性增加；当生产压力降低时，为蒸汽的闪蒸及地层束缚水带来驱动力。该技术工艺施工简单、收效快、技术成熟，在美国、委内瑞拉和加拿大广泛应用。

蒸汽驱是蒸汽吞吐采油之后，为进一步提高采收率而采取的一项热采方法。它也通过蒸汽加热油层，降低油砂油黏度，从而增大原油的流动性。注入的水蒸气和烃蒸气一起构成蒸汽相，凝结后在地层中变成热的流体，不断把离生产井较远的油砂油驱赶到生产井周围，并抽到地面上来。蒸汽驱可以大幅度提高油砂油的采收率。

③ 蒸汽辅助重力泄油技术

蒸汽辅助重力泄油技术是目前国际上油砂油就地开采的主要方式之一。该技术的原理是在注气井中注入蒸汽，蒸汽向上覆地层和侧面运动形成蒸汽腔，油砂油会与蒸汽腔发生热交换，流动性增加；冷凝后的油砂油和水依靠重力向下运动，进入布置在下方的水平井，从而被抽到地面，如图 5-9 所示。

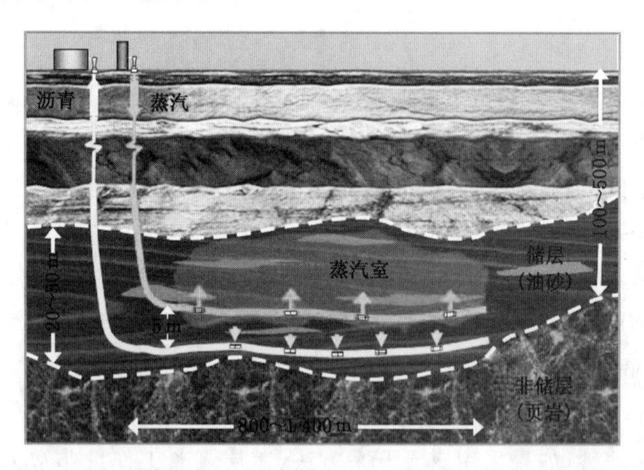

图 5-9　蒸汽辅助重力泄油技术原理图（据奥涅玛・奥耶卡）

④ 地下水平井注气体溶剂萃取技术

地下水平井注气体溶剂萃取技术是蒸汽辅助重力泄油技术的一个发展，改注入蒸汽为注入甲烷、二氧化碳、丙烷、丁烷等混合气体。这些气体易溶于油砂油，重油和沥青被气体溶解，可形成流动性较好的稀释液。被稀释的油砂油在油藏底部汇集，可以通过水平井采出。与蒸汽辅助重力泄油技术相比，地下水平井注气体溶剂萃取技术的设备费用较低、操作简便。由于注入气体只溶于油，不溶于水，故该技术适用范围广。

除了以上 4 种就地开采方法外，还有井下就地催化改质开采技术、水热裂解开采技术、火烧油层开采技术等热采方法，这些方法更加侧重通过化学方法开采油砂油中的有用成分。这些方法是未来油砂高效开采的途径，具有很好的发展潜力。但是，目前这些方法的应用还有一些瓶颈问题没有得到很好的解决。比如就地催化改质开采技术中催化剂技术还需要进一步发展，火烧油的地下控制技术还不够成熟，化学开采的一些产物容易污染水体等。

(3) 其他开采方式

除上述技术外，还有一些技术也开始应用于油砂的开采，如微波采油技术及巷道开采技术等。

稠油和油砂经过微波的处理后各组分含量会发生变化。大功率的微波天线被下到要作用的油砂层，或者通过传输的方法传到地下。因为岩石骨架对微波的损耗较小，最靠近微波源处的油层岩石孔隙中的油和束缚水将吸收大部分能量，水温和油温从而增加，油的黏度降低，油砂油的流动性得到改善，从而可被采出。随着微波设备的改进，该方法作为一种新的油砂开采方式将得到广泛应用。

对埋藏较深的油砂，可以运用巷道开采技术，即先打一口竖井通往油砂层，然后在油砂层掘进集油巷道，再利用水力冲洗法或螺旋钻机法开采油砂，并进行油、砂的粗略分离，最后通过水力系统把少量泥浆和油砂油输送到地面。巷道开采方法在加拿大、德国、法国、俄罗斯、罗马尼亚等国家都曾采用过。

5.4　天然气水合物

5.4.1　天然气水合物概述

天然气水合物(见图 5-10)是由水分子和气体分子组成的并具有笼状结构的似冰状结晶化合物，因其中的气体多以甲烷为主(＞90%)，故也被称为甲烷水合物。天然气水合物外形像冰，是一种白色的团体结晶物质，有极强的燃烧能力，故俗称“可燃冰”。

水分子和燃气分子构成天然气水合物，水分子构架在外层，燃气分子是核心。据计算，1 m^3 的天然气水合物能释放出 164 m^3 的甲烷和 0.8 m^3 的水。因此，天然气水合物是一种高能量密度的能源。在低温高压环境中，天然气水合物才可以稳定存在，通常，温度在 0～10 ℃，压力超过 10 MPa。一旦压力降低或者温度增加，甲烷就会逸出，天然气水合物便趋于崩解。据估计，在地壳浅部，天然气水合物储层中所含的有机碳总量，大约是全球石油、天然气和煤等化石燃料含碳量的 2 倍。有关专家提出，新型能源天然气水合物一旦被开采，会使燃料可利用的时间延长几个世纪。

1934 年，苏联在被堵塞的天然气输气管道里发现了天然气水合物。当时，天然气水合物的作用没有被发现，反而被认为是麻烦。到了 20 世纪 60 年代，苏联科学家认识到，这种水合物可能在自然界存在，并大胆预测天然气水合物可以在未来成为新型能源。1965 年，

图 5-10　天然气水合物

他们首次在西伯利亚冻土带发现了天然气水合物。1971 年，美国首次发现海洋天然气水合物，并正式提出了“天然气水合物”的概念。

5.4.2　天然气水合物资源量与分布

天然气水合物储量巨大。据统计，全球天然气水合物中甲烷的储量约为 1.8×10^{16} m^3，其热当量是煤、石油和天然气总量的 2 倍多。因此，越来越多的专家认为，天然气水合物极有可能成为石油的替代能源。

天然气水合物通常分布于海底和永久性冻土带，其中，3%分布在极地、冻土带、内陆海及湖泊，97%分布在海洋。截至 2016 年，全球已发现天然气水合物产地 132 处，其中海底及湖底沉积物中 123 处，陆地冻土带中 9 处。

海底的天然气水合物多产于大陆架、大陆坡、水下高地、边缘海等大陆边缘地区，尤其是与泥火山、盐(泥)底辟、大型断裂有关的沉积盆地中。勘探研究证明，海洋大陆架是天然气水合物形成的最佳场所，90%的海域具有形成天然气水合物的温压条件。通常，天然气水合物可存在于海底之下 500～1 000 m 的范围内，再往深处，由于地热升温，其固体状态易遭破坏。从全球范围看，这些海底天然气水合物产地可划分为 3 个成矿带，即西太平洋成矿带、东太平洋成矿带和大西洋成矿带。

自然界中的天然气水合物分布广泛，在北极或者海底以下 0～1 500 m 深的大陆架的冻土带都有可能存在。海底天然气水合物主要集中在大西洋海域的墨西哥湾、加勒比海、南美东部陆缘、非洲西部陆缘和美国东海岸外的布莱克海台等，西太平洋海域的白令海、鄂霍次克海、日本海、苏拉威西海和新西兰北部海域等，东太平洋海域的中美洲海槽、加利福尼亚滨外和秘鲁海槽等。陆上永冻土中的天然气水合物集中在西伯利亚、阿拉斯加和加拿大的北极圈内。环绕北美洲有 11 个大型的天然气水合物矿区，资源量超过 5.8×10^{13} m^3。俄罗斯的天然气水合物资源也非常丰富，资源量达到 3.05×10^{13} m^3。

我国具备天然气水合物形成的地质和物源条件，具有良好的找矿前景。在青藏高原的冻土层及南海、东海、黄海等近 300 万平方千米海域，天然气水合物存在的概率很大。据预测，我国南海天然气水合物资源量达到 800 亿 t 油当量，相当于我国目前陆上石油、天然气资源量的1/2。

5.4.3 天然气水合物的开采

20世纪80年代以来，国际上对天然气水合物的研究进展迅速。中国地质调查局发布的相关数据显示：中国、日本、美国、加拿大等国进行的海域或陆域天然气水合物试采活动共5个，大洋科学钻探或国家计划支持下的天然气水合物钻探活动共10余个。据日本有关方面估算，在日本海域仅开采天然气水合物可采储量的1/10，可向日本提供100 a的天然气供应。

1999年，美国政府制订了"国家甲烷水合物多年研究和开发项目计划"。加拿大地质测量局在太平洋胡安—德富卡洋中脊斜坡区的工作引人注目，获得天然气水合物评价储量1 800亿t油当量。在加拿大西北部永久冻土带钻探的麦肯齐河三角洲Mallik2L-38井深1 150 m，取得的37 m岩芯保留了天然气水合物层序互层的特征。此外，对天然气水合物研究较多的国家还有俄罗斯、德国、印度、韩国、挪威等。20世纪80年代末，我国开始关注天然气水合物，陆续开展了一系列的研究。2017年，我国在南海北部神狐海域进行天然气水合物试采获得成功，连续产气8 d，最高产量3.5万m^3/d，累计产气超12万m^3，天然气产量稳定，甲烷含量最高达99.5%。

目前，天然气水合物的开采方法主要有热激发法、减压法和化学试剂法。

(1) 热激发法

热激发法是从地面向天然气水合物地层注入热流体或者采取其他加热方法加热固态的天然气水合物，破坏其物相平衡状态，使其分解，从而释放天然气的方法。热激发法主要有注热开采法、井下电磁和微波加热法。这种方法的缺点是热耗损大，效率低。

(2) 减压法

天然气水合物物相稳定的基础条件有温度和压力两方面。热激发法是通过改变储层温度来释放天然气的，而改变储层压力也可以影响天然气水合物的物相。通过改变天然气水合物沉积层的压力而促使其分解释放出天然气的开采方法，称为减压法。减压的具体措施是控制井口压力，使井底压力低于天然气水合物保持固体状态的压力。这种方法的优点是不需要连续的激发措施，很有可能成为今后大规模开发天然气水合物的有效方法。

(3) 化学试剂法

有一些化学试剂能够改变天然气水合物的平衡条件，如甲醇、乙二醇、盐水等。通过向储层注入化学试剂而改变天然气水合物平衡状态的开采方法，称为化学试剂法。这种方法的成本比较高，见效也比较缓慢，化学试剂注入地层可能对环境有影响。

天然气水合物蕴藏量极大，其甲烷的吞吐量也极大，是地球浅部一个不稳定的碳库，是全球碳循环中的一个重要环节，在岩石圈与水圈、大气圈的碳交换中起重要作用。同时，由于甲烷的全球变暖潜力指数按物质的量是CO_2的3.7倍，按质量是CO_2的10倍，所以甲烷是一种重要的温室气体。1980—1990年，甲烷对温室效应的贡献占12%，在所有温室效应气体中仅低于CO_2(贡献占57%)。因此，天然气水合物释放或吸收甲烷对全球气候可产生重大影响。

海洋天然气水合物赋存区主要是近海的大陆架和大陆坡地区，该区域是人类实施海洋工程的主要区域。天然气水合物在自然界中极不稳定，温压条件的微小变化就会引起它的分解或生成。它一旦分解，会产生大量的气体，从而使地层结构和固结程度发生变化。地层压力一旦不均衡，很有可能在斜坡部位产生滑塌构造，或引起局部的地震，还有可能造成海啸，是海底电缆的铺设和保养，海洋石油天然气钻探工程，海洋渔业的安全，以及未来海底跨海岛、跨大洋的海底隧道建设的潜在地质灾害因素。

研究表明，温压的变化不论是自然还是人为因素引起的，都会将天然气水合物分解，引起海底滑坡、气候变暖和生物灭亡等灾害。由此可见，天然气水合物作为未来新能源的同时也是一种危险的能源。它的开发利用就像一柄“双刃剑”，需要小心对待。

5.5 天然沥青

5.5.1 天然沥青概述

(1) 沥青的概念及分类

沥青是由不同相对分子质量的碳氢化合物及其非金属衍生物组成的黑褐色复杂混合物，是一种高黏度有机液体。它由多种化学成分极其复杂的烃类所组成。这些烃类为一些带有不同长度侧链的高度缩合的环烷烃和芳环烃，以及这些烃类的非金属元素（氧、氮、硫）的衍生物，有时还含有带有一些微量金属元素（钒、镍、锰、铁……）的烃类等。二硫化碳等有机溶剂可以完全溶解它们。沥青的颜色从黑色至黑褐色，常温时沥青可以是液态、半固态或者固态的。沥青是非牛顿液体，具有黏—弹性或复合黏—塑性等力学性质。

按照获得方式划分，沥青主要包括地沥青和焦油沥青。地沥青按产源，又可分为天然沥青和石油沥青。

天然沥青（见图 5-11）是石油在自然条件下，长时间受各种自然因素作用，形成以纯粹沥青成分存在（如沥青湖、沥青泉或沥青海等），或掺入各种孔隙性岩石中[如岩（地）沥青]与砂石材料相混[如（地）沥青砂、（地）沥青岩]的沥青。前者可直接使用；后者可作为混合料使用，亦可用水熬煮或用溶剂抽提得纯地沥青后使用。石油沥青是弥散于石油胶体中的沥青，经各种石油精制加工而得到的产品，最常得到的有直馏沥青、氧化沥青、裂化沥青、溶剂脱沥青、调和沥青等，还可经过加工而得到轻质沥青、乳化沥青等。

图 5-11　天然沥青

焦油沥青是各种有机物(煤、泥炭、木材等)干馏加工得到的焦油,经再加工而得到的产品。焦油沥青按加工的有机物名称而命名,如由煤干馏所得的煤焦油,经再加工后得到的沥青,称为煤沥青。

以上各类沥青,可归纳如图 5-12 所示。

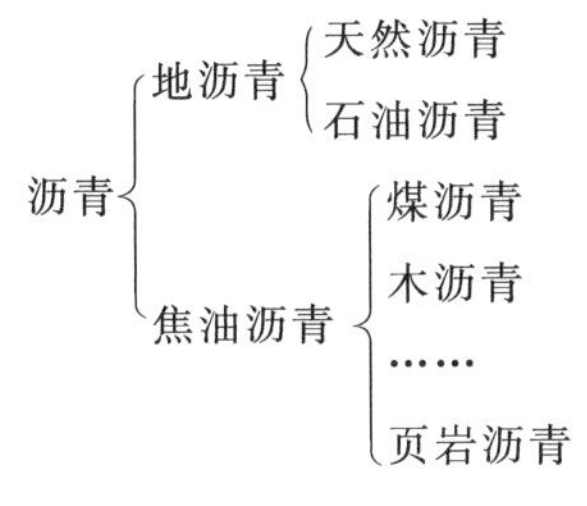

图 5-12　沥青的分类

以上这些类型的沥青中,在道路建筑中较常用的主要是石油沥青和煤沥青两类,其次是天然沥青。天然沥青同稠油一样是天然存在的非常规油气能源,因此,本书重点介绍天然沥青。

(2) 天然沥青的分类

天然沥青是地壳中的石油在露头处受到空气、阳光、水以及矿物的影响,部分(或大部分)轻质组分挥发、氧化和缩聚后所形成的半固体或固体的沥青类物质。

天然沥青按其地质矿床的产状,可以分为下列三类:

① 纯(地)沥青:石油露头呈湖状(或泉状),在地面上经自然因素作用而形成的天然沥青通常称为湖沥青(或泉沥青)。如新疆冷湖沥青即属于这类纯净状态的天然沥青。

② (地)沥青岩:沥青呈层状浸入或集结在石灰岩、白云岩或砂岩中,而成为沥青浸渍岩石,如沥青石灰岩、沥青白云岩、沥青砂岩等,统称沥青岩。

③ 岩(地)沥青:沥青呈脉状存在且夹杂各种岩石或土等矿物,并与之结合在一起。

以上三类天然沥青,除纯(地)沥青可直接使用外,其他两类天然沥青在采集时,可以采用"水煮法"或"溶剂抽提法"而得到纯(地)沥青,但是成本较高。通常将(地)沥青岩或岩(地)沥青轧碎至所需要的尺寸,然后加少量液体沥青或其他稀释剂作为摊铺地沥青混合料使用。

5.5.2　天然沥青资源分布

天然沥青资源在全球的分布极不均衡。天然沥青资源较丰富的国家主要有加拿大、印度尼西亚、特立尼达和多巴哥、美国、委内瑞拉、俄罗斯。我国只在四川和新疆有赋存。世界上两大著名的天然沥青产地是印度尼西亚的布敦岛及特立尼达和多巴哥的特立尼达沥青湖。

(1) 特立尼达湖沥青

世界上最有名的天然沥青是特立尼达湖沥青(TLA),产于南美西印度群岛特立尼达境内的沥青湖中。从特立尼达运出的湖沥青,以纤维板桶装运,每桶质量为 240 kg,自 1860 年起应用于道路工程。许多国家通常把其作为改性剂使用,在混合沥青中增加特立尼达湖沥青能提高其在高温时的稳定性及低温抗裂性能,耐久性也会变好,故广泛应用于高速公路、机场跑道、钢桥面跑道、隧道等工程。中国内地在1973年开始使用特立尼达湖沥青,应用的工程包括江阴长江大桥、110国道八达岭段等。

(2) 布敦岛天然沥青

布敦岛位于印度尼西亚的苏拉维西岛东南方,有两个天然沥青矿区——卡盆卡和拉维里矿区。布敦岛的天然沥青矿中有两类天然沥青:一类是卡盆卡矿区的岩石沥青(坚硬);另一类是拉维里矿区的胶浆沥青(柔软)。岩石沥青主要处理为高质量附加剂或性能加强剂;而胶浆沥青具有多功能性和易处理的特点,也可作为一种附加剂或性能加强剂。布敦岛拥有 3.0×10^8 t的天然沥青赋存量,是世界上极大的商业沥青矿区之一。布敦岛上拉维里的天然沥青在我国被普遍称为拉维里布敦胶浆沥青(LBMA)。它含有25%~30%的纯沥青和70%~75%的天然填装矿物质。天然填装矿物质在沥青搅拌混合物中可充当填装物,这能大大加强沥青的各类功能。与常规的沥青浆比较,拉维里布敦胶浆沥青具备更多及更好的性能,在极端天气下的变形小,韧性极好。

(3) 北美岩(硬)沥青

位于美国北部犹他州东部尤因塔(Uintah)盆地的北美岩(硬)沥青,使用在道路上已有30 a历史。部分欧美国家的高速公路用上了北美岩(硬)沥青的改性沥青,在有抗车辙的重车车道、停车场、坡道、弯道、桥面已经铺装,特立尼达湖沥青被替代。由于北美岩(硬)沥青的氮含量高,所以黏度大、抗氧化性强,与集料有很好的黏附性及抗剥落性。北美岩(硬)沥青优良的高温抗车辙性能是改性沥青的最大特点,添加合理量的沥青混合料,能获得较高的动稳定度(可以达到3 000次/mm以上)。该产品最早应用于易出车辙的地方,在我国河北等地的使用取得了良好效果。目前,山东济南部分城市道路也采用了北美岩(硬)沥青制作的改性沥青。

(4) 我国天然沥青分布

我国新疆克拉玛依地区和青海西部均有开采岩沥青,但用于道路沥青改性的还较少;近年在四川青川、山东潍坊等地也进行了岩沥青的开采,现在已经用于道路沥青改性。国内几家权威部门进行的沥青和混合料实验表明,国产的岩沥青完全可以取代国外同类产品,甚至一些性能优于国外同类产品;但是由于产地不同,并且物理化学成分的差异,又表现出不同的特性。迄今为止,我国对国产天然岩沥青的研究和开发还较少,系统的研发与生产几乎是空白。因此,研究与开发国产天然岩沥青,对增加沥青改性剂品种、牌号,提高高等级道路沥青的国产化率,振兴民族工业具有重要意义。

5.5.3 天然沥青的开采与利用

(1) 开采方法

天然沥青油藏开采一般采用露天式、井式和矿井式3种开采方式。露天式开采和矿井式开采要求把采出的岩石运至地面,然后从中提炼出沥青。加拿大的阿萨巴斯卡油田广泛采用露天式开采方法开采沥青。

沥青岩埋藏于渗透率超过0.1 μm、埋深超过50~100 m的陆源岩地层时,可以通过井式开采方法开采。该方法利用化学试剂、热蒸汽处理或其他地层处理法(振动法、声学法和电磁法)促进沥青流动。地层热处理方法可以有效提高天然沥青和稠油聚集的沥青(石油)的采收率(≥30%)。俄罗斯、加拿大、美国和委内瑞拉等国进行了沥青的层内燃烧开采的工业性试验。

矿井式开采方法适用于厚度超过 5 m、埋深 100～400 m、岩石沥青饱和度超过 5%的陆源岩和碳酸盐岩地层中沥青岩的开采。

当采用露天式开采方法时,沥青开采程度为 65%～85%,矿井式为 25%～40%。露天式开采可以使沥青岩中的所有成分得到最充分利用,经济效益最佳。

(2) 主要用途

约 100 a 前,工程师已开始使用天然沥青。天然沥青主要用作建筑材料,用于铺设公路,做水箱、蓄水池的衬里和建筑工程的隔水材料及制造沥青油毡、沥青砖等。沥青加水及少量乳化剂,可制成乳化沥青。乳化沥青是一种新型防水材料,生产工艺简单,可冷态加工,不需要加热,即在常温下能直接涂刷;能够在潮湿的基层上施工,受气候影响小;施工效率高,可降低施工成本。沥青含量大于 3%的沥青质岩石在国外也会被开采利用。铺设路面沥青含量须达到 6.5%;如果沥青含量为 3%～6%,必须加入较纯的沥青才能保证胶结能力达标。在世界各地都能看到沥青在铺设公路时的应用。

天然沥青对抵抗车辙和永久变形及延长使用寿命有很大作用。20 世纪,在英国的主要街道,汽车道路、架桥和通道隧道等特殊的项目已使用天然沥青作为加强性能的添加剂来铺设路面。在西欧国家的许多大城市,如柏林、法兰克福、维也纳、慕尼黑等,成千上万千米的国家公路、城市道路都使用了天然沥青。天然沥青的最大优点是它可以在极端条件下保持性质基本不变,尤其是坚韧的抵抗性和低热的灵敏性。正因如此,世界各地的机场跑道都已经使用天然沥青,快速道和停机平台区也是采用沥青铺制的。

由于沥青具有良好的电绝缘性,故其在电气工业上可用来制造电池箱、蓄电池外壳及绝缘材料等。沥青与石蜡混合,能制成石蜡绝缘混合剂,用于电绝缘方面。

在化学工业中,沥青还可用作橡胶、涂料、油漆、印刷油墨等化工产品的原料。在冶金工业中,可将硬沥青热处理后,像石油焦一样制成固定碳含量为 90%、灰分为 0.3%的焦炭,这种焦炭又称为生沥青焦,可供制造铸造焦用。将生沥青焦进一步煅烧,除去水分和挥发物,制成固定碳含量为 99%的熟沥青焦,可作为炼铝时的阳极糊和炼钢增碳剂原料。

5.6 煤　层　气

5.6.1 煤层气概述

(1) 煤层气的概念

煤层气是赋存在煤层及煤系地层中的烃类气体,是优质清洁能源,主要成分是甲烷(CH_4),因此也被称为煤层甲烷,在煤矿生产中又被称作瓦斯,主要以吸附状态吸附在煤孔隙中,少量以溶解和游离状态存在煤的裂隙中。煤层气作为一种新型清洁能源矿产,其合理开发利用具有直接的经济效益，而且对煤矿的安全生产和环境保护都具有重要意义。

（2）煤层气的成因

煤层气是在煤的变质作用过程中不断生成的。煤原始物质——植物遗体从在沼泽中被水淹没后便开始经受生物化学作用，开始产生天然气。这种天然气虽被称为生物气，但其母质是腐殖质，所以也可以说是煤成生物气。这种煤成生物气的生成从植物遗体堆集后的泥炭化作用时即开始，经凝胶化作用（含丝炭化作用），至煤化作用阶段前均在进行。煤在变质作用中产生的甲烷分子被吸附在煤体表面。吸附甲烷量的多少决定于压力、温度和煤质。即在一定的温度、压力条件下，甲烷分子主要以单分子层状态吸附在煤体的细微孔隙表面，并和微孔隙中的游离甲烷分子处于不断交换的动平衡状态。由此可知，游离甲烷的多少，取决于煤的孔隙率、温度和压力。当遇到外界条件发生变化（地壳运动、岩浆活动）时，这种平衡就会被打破，若继续沉降使煤热演化继续进行，再次生气，煤层含气量会增加；或地壳抬升，煤的热演化终止，甲烷不再产出；当煤层抬升接近地表遭受风化，所有气体将散失干净。

传统理论认为，煤层气是自生自储于煤层中的非常规天然气。近年来的研究表明，煤层气是叠加成因的。煤层气的来源既有泥炭到低煤阶煤的原始生物成因和中高煤阶煤的正常热成因，还有后期次生生物成因和煤型气—油型气混合成因。总之，煤层气包括煤层自生的和其他气源岩中运移到煤层中的天然气，是一种混合天然气。由此可见，煤层气仅是一个描述天然气产状的词语，不具有成因意义。

（3）煤层气的地球化学特征

煤层气的主要组分是甲烷，并含少量其他烃类、CO_2和 N_2，气体中烃的组成表现出明显的干气特征。煤层气的同位素组成有较大差异，这反映了煤层气的多成因来源。此外，即使在同一盆地中，变质程度相同的煤，同位素分馏作用和次生生物化学作用也会导致其中的煤层气的组分和同位素组成有变化。总之，煤层气是经过漫长的演化过程形成的，其组分和同位素组成受各种复杂因素的影响而不断发生变化，从而造成煤层气的组分和同位素组成千差万别。

5.6.2 煤层气资源量与分布

煤层气之所以称得上是能源矿产，是因为它在地质体中有一定的赋存规律，有着明显的成藏性和可采性，有着巨大的资源前景和规模开发的可能。

根据国际能源机构估算，世界煤层气资源量达 2.6×10^{14} m^3，约占世界天然气储量的30%以上。世界上煤层气资源丰富的国家有俄罗斯、加拿大、中国、美国、澳大利亚、德国、波兰、英国、乌克兰和哈萨克斯坦，其资源量均在 1×10^{12} m^3以上。

资料显示，我国 2 000 m 以浅的煤层气资源量为 3.0×10^{13}～3.5×10^{13} m^3，居世界第3位，与常规天然气资源量相当。其中，鄂尔多斯盆地内晋陕内蒙古含气区的煤层气资源量就达 1.725×10^{13} m^3，约占全国煤层气资源量的一半。煤炭资源大省山西的煤层气储量约占全国的1/3，是目前我国煤层气产量最大的地区。该省的阳泉煤业集团、晋城煤业集团年产气量均超过1亿 m^3。从居民用气、工业用气到煤层气发电，再到投入20多亿元全面开发煤层气，山西正试图让瓦斯变成“能源新宠”。

5.6.3　煤层气的开采与利用

煤层气与煤炭是同体共生矿。一般来说，煤炭资源丰富的国家，煤层气资源也相对丰富。我国煤炭储量占总化石能源储量的90%以上。以煤为主的能源结构决定我国必须重视煤层气开采，并用最有效的途径治理瓦斯。煤层气产业化和规模化开采与利用，可大大减少煤矿安全生产事故，减少煤矿瓦斯排放对大气臭氧层的污染破坏，还可弥补我国清洁能源的不足，改善能源结构。

20世纪80年代，我国开始研究煤层气的勘探和开采技术，在一些煤田进行了勘探试验，与外国公司合作直接引进勘探开采技术，取得了许多宝贵资料和经验。至2001年年底，我国先后在不同矿区施工了200多口煤层气勘探井，在河东、沁水、铁法等煤田相继实现了勘探试验突破。我国较早进行煤层气抽采的地区是辽宁抚顺、阜新和山西阳泉等矿区，但多为井下抽采，只是作为煤矿安全生产的一项辅助措施，属于“被动抽采”。煤层气利用也仅局限于矿区职工生活和少量工业用气，绝大多数煤层气直接向空气中排放。全国每年排放掉的煤层气（瓦斯）多达120亿 m^3，接近西气东输工程的总供气量，相当于白白丢掉1 000多万吨标准煤。由于勘探开采成本高，资金、技术和产业政策不配套等，我国煤层气开采一直没有走上产业化发展之路。

由于我国煤层气赋存地质条件较复杂（煤层渗透性差、瓦斯吸附性较强），按照天然气的开采方式来开采煤层气效果并不理想。我国的煤层气仍然作为煤炭开采的副产品即瓦斯来对待。瓦斯抽采技术体系较复杂。按被抽采煤层是否卸压，瓦斯抽采可分为原始煤体预抽瓦斯、煤层卸压后抽采瓦斯和其他抽采方法；按照抽采系统空间布置方式，又可分为井下瓦斯抽采和地面瓦斯抽采。总体来看，井下卸压抽采瓦斯效果相对较好。

（1）井下瓦斯抽采

所谓井下瓦斯抽采，就是借助煤炭开采工作面和巷道，通过煤矿井下抽采、采动区抽采、废弃矿井抽采等方法来开采煤层气资源。当煤层受采动以后，原岩应力平衡状态破坏，煤层卸压。由于90%以上瓦斯气体以物理吸附状态存在煤层中，为了继续保持平衡，煤层中的瓦斯涌出。这样，煤层瓦斯可源源不断被抽出。由此可见，井下瓦斯得以高效抽采的基本条件是：足够的煤层气资源和煤层具有足够的渗透性。

图5-13是沿空留巷穿层钻孔抽采邻近层卸压瓦斯技术示意图。该技术通过开采下位煤层，在覆岩中产生卸压区，增加上位煤层的渗透性，促进瓦斯解吸附，提高瓦斯的渗透能力，从而实现瓦斯的高效抽采。开采上保护层卸压抽采瓦斯技术也是相同的道理，不过它是由开采上保护层，通过底板卸压手段来提高瓦斯抽采效率的，如图5-14所示。开采保护层卸压抽采时，抽采的是邻近煤层的瓦斯。如果需要抽采正在开采煤层的瓦斯，则需要采用本煤层瓦斯抽采方法，比较常用的是本煤层顺层钻孔抽采瓦斯方法，如图5-15所示。本煤层顺层钻孔抽采瓦斯方法，也是煤层卸压抽采瓦斯方法的一种。

（2）地面瓦斯抽采

地面瓦斯抽采就是利用垂直井或定向井技术开采原始储层中的煤层气资源。当瓦斯压力降低到临界解吸压力以下时，甲烷气体从煤基质微孔隙内表面解吸出来。瓦斯因浓度

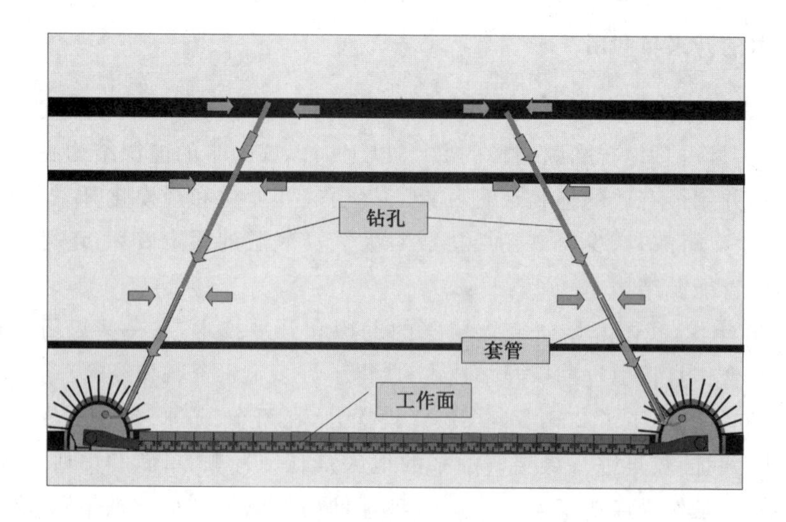

图 5-13　沿空留巷穿层钻孔抽采邻近层卸压瓦斯技术示意图

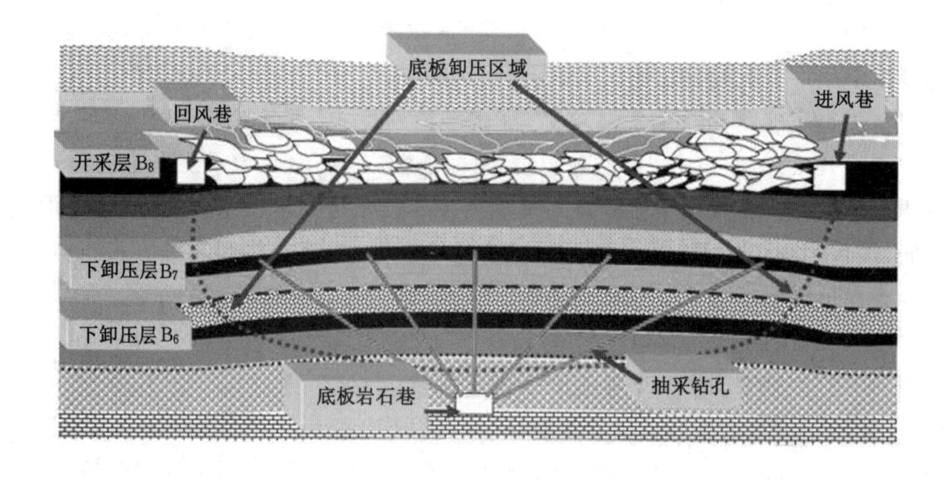

图 5-14　开采上保护层卸压抽采瓦斯技术示意图

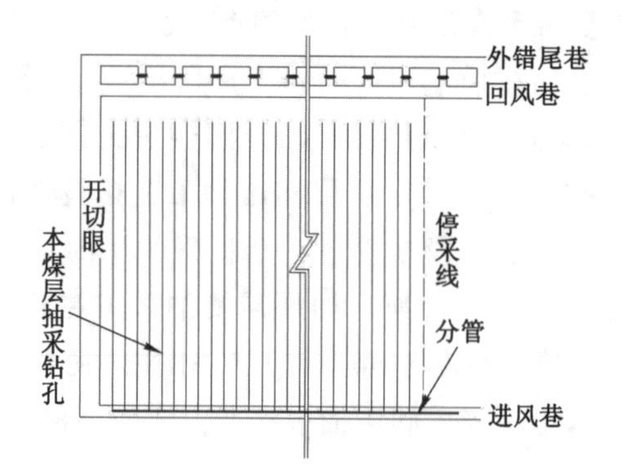

图 5-15　本煤层顺层钻孔抽采瓦斯示意图

差异而扩散到煤的裂隙系统，最后以达西流形式流到钻孔。解吸是进行地面瓦斯抽采的前提，降压是解吸的前提。由此可见，地面能否抽采瓦斯的根本在于瓦斯是否能降压解吸。由于我国多数煤层的渗透性差，瓦斯吸附性强，地面瓦斯抽采效果并不明显。我国已钻的200多口采前地面煤层气井中，稳产高产井很少，单井产量超3 000 m^3/d的只有约30口。因此，地面瓦斯抽采一般要与煤层的开采相协调，从而实现瓦斯的卸压开采。图5-16为卸压瓦斯抽采地面钻孔布置示意图。

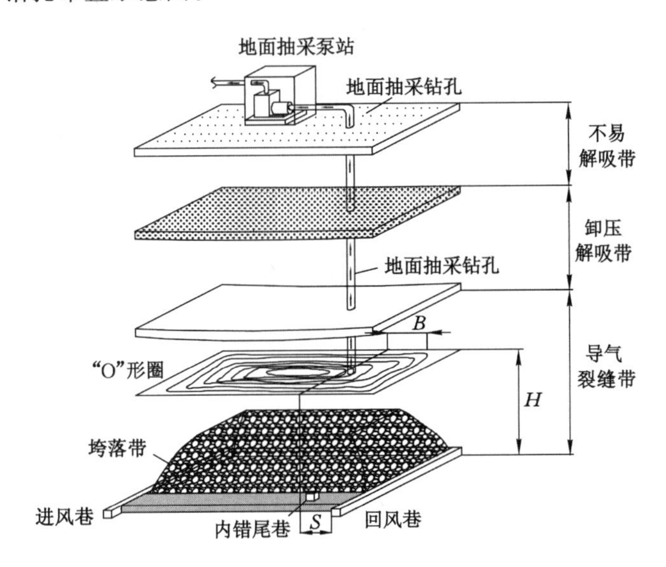

图5-16　卸压瓦斯抽采地面钻孔布置示意图

（3）煤层气开发与利用

美国是世界上最早开发煤层气的国家。从1983年到1995年，美国煤层气年产量从1.7亿m^3增加到250亿m^3，2005年更是达到500亿m^3。抽出的煤层气主要是注入天然气管道，其次为就地利用和发电。德国在煤层气发电利用方面较为成功，实现了热电联产。

我国在煤层气勘探、开发和利用方面进步较快。经过多年的研发和实践，我国已形成从煤层气资源评价、地质选区、勘探到地面开发的完整的技术方法体系。2004年，我国第一口煤层气多分支水平井投入生产，煤层中水平井眼总进尺8 000 m，单井产量稳定在20 000 m^3/d以上，实现了煤层气开发工艺和产能的双重突破。2016年，全国抽采煤层气超过170亿m^3，其中，井下抽采128亿m^3，地面抽采45亿m^3，利用量达到90亿m^3。

山西是我国煤炭和煤层气资源生产大省，煤层气预测储量约1.0×10^{13} m^3，占全国储量的1/3左右。山西对煤层气的勘查开发较早，煤层气行业在全国一直处于领先地位。2005年，我国第一个煤层气地面开采商业示范项目——山西沁南煤层气开发利用高技术产业化示范工程潘河项目一期工程实现商业售气，标志着我国煤层气地面开发由此而进入商业化运营阶段。2016年，晋城煤业集团寺河煤矿井下瓦斯抽采量达到6.12亿m^3，连续11 a单井瓦斯抽采量保持全国第一。2017年，山西煤层气产量达到56.3亿m^3，利用量约占全国的90%。近年来,山西煤层气开发逐步实现产业化,包括煤层气勘探开发、井下抽采、气田集输、压缩和液化、槽车汽运物流、城乡居民燃气、瓦斯发电、装备制造等,初步构建了上、中、下游一条完整的煤层气大产业链。图5-17为山西晋城煤业集团的煤层气抽采井。

图5-17 山西晋城煤业集团的煤层气抽采井

和天然气一样,煤层气是一种新型的洁净能源矿产和优质化工原料,用途非常广泛,包括发电,用作工业燃料、汽车燃料,生产炭黑、合成甲醇、合成氨等。我国的煤层气以就地发电和民用为主。截至2017年年初,全国已有煤层气发电机组1 104台,总装机容量达到710 MW。晋城煤业集团煤层气(瓦斯)发电装机容量达到205 MW,2016年发电1.606×10^{9} kW·h,其中装机容量120 MW的寺河瓦斯发电厂发电量达8.4×10^{8} kW·h,年利用煤矿瓦斯1.8亿m^3,是世界上规模最大的瓦斯发电厂(见图5-18)。

图5-18 山西晋城煤业集团120 MW的寺河瓦斯发电厂

《煤层气(煤矿瓦斯)开发利用"十三五"规划》指出:加快煤层气(煤矿瓦斯)开发利用,对保障煤矿安全生产、增加清洁能源供应、减少温室气体排放具有重要意义;将坚持煤层气地面开发与煤矿瓦斯抽采并举,以煤层气产业化基地和煤矿瓦斯抽采规模化矿区建设为重点，推动煤层气产业持续、健康、快速发展，为构建低碳清洁、安全高效的现代能源体系作出重要贡献。

思　考　题

(1) 简述页岩气的概念。

(2) 简述页岩气压裂增产的技术原理。

(3) 试论述我国页岩气发展前景及挑战。

(4) 简述油页岩的概念。

(5) 简述天然气水合物的概念。

(6) 简述井下瓦斯抽采的概念。

第6章 地 热 能

地热能是一种蕴藏巨大能量的能源矿产资源。通常，火山喷发、间歇喷泉和温泉涌出等，会把地球内部的热能通过热传导、对流和辐射的方式源源不断地传到地面上来。据估计，全世界5 000 m以浅的地热资源量约1.45×10^{26} J，相当于4.95×10^{15} t标准煤。如果把地球上储存的全部煤炭燃烧时所放出的热量作为100来计算，那么，石油的储量约为8，目前可利用的核燃料的储量约为15，而地热的总储量则为煤炭的1.7亿倍。可见，地球实际上是一个庞大的“热球”。我国著名的地质学家李四光先生曾说：“开发地热能，就像人类发现煤、石油可以燃烧一样，开辟了利用能源的新纪元。”

据史料记载，我国地热开发利用已有2 000多年的悠久历史，是世界上利用地热资源较早的国家之一。历史上，我国对地热资源的开发利用大多限于温泉，且主要用于医疗和洗浴方面。改革开放以来，我国地热资源的开发利用在深度和广度上都有了很大发展，目前对地热资源的开发深度不少已达到2 500 m左右，有的已超过4 000 m，广泛用于发电、供暖、医疗、洗浴、水产养殖、农业温室、矿泉水生产、农业灌溉等。目前，我国是世界上地热直接利用第一大国。

我国地热开采利用量以每年12%的速度增长，多年来地热能直接利用量稳居世界第一。截至2015年年底，全国浅层地热能供暖(制冷)面积达到3.92亿m^2，全国水热型地热供暖面积达到1.02亿m^2，地热能年利用量相当于约2 000万t标准煤；全国地热发电总装机容量27.28 MW，约折合360万t标准煤。2015年，我国煤炭消耗量接近37.5亿t，全国能源消耗量约42.99亿t标准煤。可见，我国地热能利用量占能源消耗量的比例非常小。因此，大力开发利用地热能，节约煤炭消耗的空间十分巨大。图6-1为云南腾冲地热温泉。

6.1 地热能基本知识

6.1.1 地热能的概念

所谓地热能，是指地球内部蕴藏的热能，简称地热。有关地球内部的知识是从地球表面的直接观察及钻井的岩样和火山喷发、地震等资料推断而得到的。根据目前的认识，地球的构成是这样的：在约2 800 km厚的铁镁硅酸盐地幔上有一薄层(平均厚约30 km)铝硅酸盐地壳；地幔下面是液态铁—镍地核(外地核)，外地核内还含有一个固态的内地核。在地壳和地幔之间有个分界面，称之为莫霍面。莫霍面会反射地震波。从地表到深100～200 km的区域为刚性较大的岩石圈。由于地球内圈和外圈之间存在较大的温度梯度，所以

图 6-1 云南腾冲地热温泉

其间有黏性物质不断循环。地球内部结构和温度如图 6-2 所示。

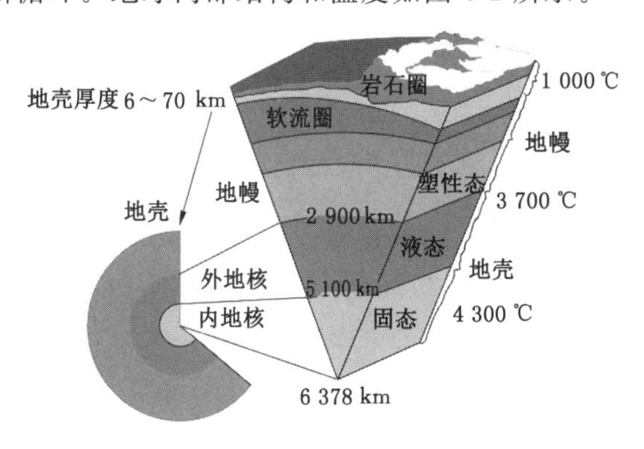

图 6-2 地球内部结构和温度

大洋壳层厚 6～10 km，由玄武岩构成。大洋壳层会延伸到大陆壳层下面。大陆壳层则由密度较小的花岗岩(主要成分为钠钾铝硅酸盐)组成，典型厚度约为 35 km，在造山地带厚度可能达 70 km。地壳和地幔最简单的模型如图 6-3 所示。地壳好像一个“筏”放在刚性岩石圈上，岩石圈又漂浮在黏性物质构成的软流圈上。软流圈中的对流作用，会使大陆壳“筏”向各个方向移动，从而导致某一大陆板块与其他大陆板块或大洋板块碰撞或分离。它们是火山喷发、造山运动、地震等地质活动的原因。图 6-3 中的箭头表示板块和岩石圈的运动及下面黏性物质的热对流。

地球内部超过 99%的区域温度超过 1 000 ℃，这就是地热可源源不断产生的直接原因。地幔中的对流把热能从地球内部传到近地壳的表面区域，在那里，热能可能绝热储存达百万年之久。虽然储热区的深度已大大超过目前钻探技术所能达到的深度，但由于地壳表层中含有游离水，这些水有可能将储热区的热能带到地表附近或涌出地面而形成温泉，特别在地质活动区更是如此。

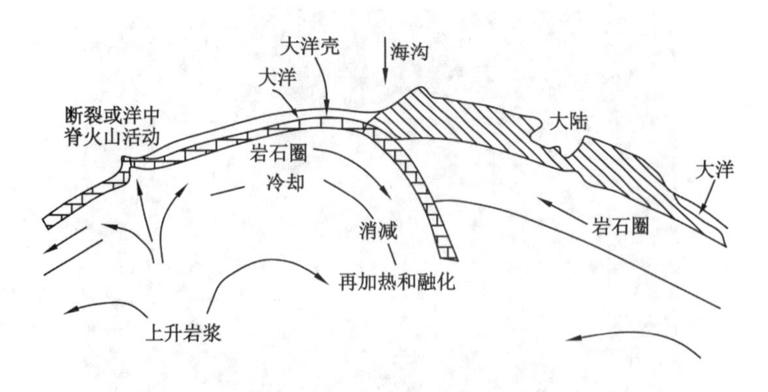

图 6-3　地壳和地幔模型示意图

6.1.2　地热能资源量与分类

地球通过大地热流放热的现象是十分普遍的，只是单位面积(1 cm^2)的放热量很小，平均每秒钟只有 6.15×10^{-6} J。地热流量的单位为 HFU，1 HFU=$4.186\,8\times10^{-6}$ J/($cm^2\cdot s$)。虽然地表单位面积的每秒放热量很小，但整个地球表面在 1 a 中的放热量可以达到$9.63\times10^{20}\sim1.09\times10^{21}$ J，相当于 300 多亿吨煤燃烧放出的热量。

据估计，世界地热基础资源量为 1.25×10^{27} J，折合标准煤为 4.27×10^{8}亿 t。

我国地处欧亚板块的东南边缘，东部和南部分别与太平洋板块和印度洋板块连接，是地热资源较丰富的国家之一。据有关资料，我国地热资源的远景储量为 1 353.5 亿 t 标准煤，探明储量为 31.6 亿 t 标准煤。我国的高温地热资源主要分布在西藏南部、云南西部、福建、广东、台湾等地；中低温地热资源遍及全国各地，仅自然露头就有 3 000 多处。迄今，我国已发现的温度最高的地热钻井为西藏羊八井 2004 号钻井(1993 年)，地热温度高达 329.8 ℃，属世界少有的高温地热。台湾的高温地热温度达 224 ℃。

从地热能开发方式和技术方面来划分，地热能通常可以分为浅层地热能、水热型地热能和干热岩型地热能。但是，地质学上常把地热资源分为蒸汽型、热水型、干热岩型、岩浆型、地压型五大类。其中，前四者均属于火山型，地压型属于非火山型。进一步划分，蒸汽型、热水型属于天然热水系统，干热岩型、岩浆型属于人工热水系统。图 6-4 为地热资源类型及其成因示意图。

(1) 蒸汽型

蒸汽型地热田是最理想的地热资源，它是指以温度较高的干蒸汽或过热蒸汽形式存在的地热田。形成这种地热田要有特殊的地质结构，即储热流体上部被大片蒸汽覆盖，而蒸汽又被不透水的岩层封闭包围。这种地热资源最容易开发，可直接送入汽轮机组发电。但蒸汽型地热田资源很少，仅占已探明地热资源的 0.5%。图 6-5 为云南腾冲地热蒸汽。

(2) 热水型

热水型地热田是指以热水形式存在的地热田，通常既包括温度低于当地气压下饱和温

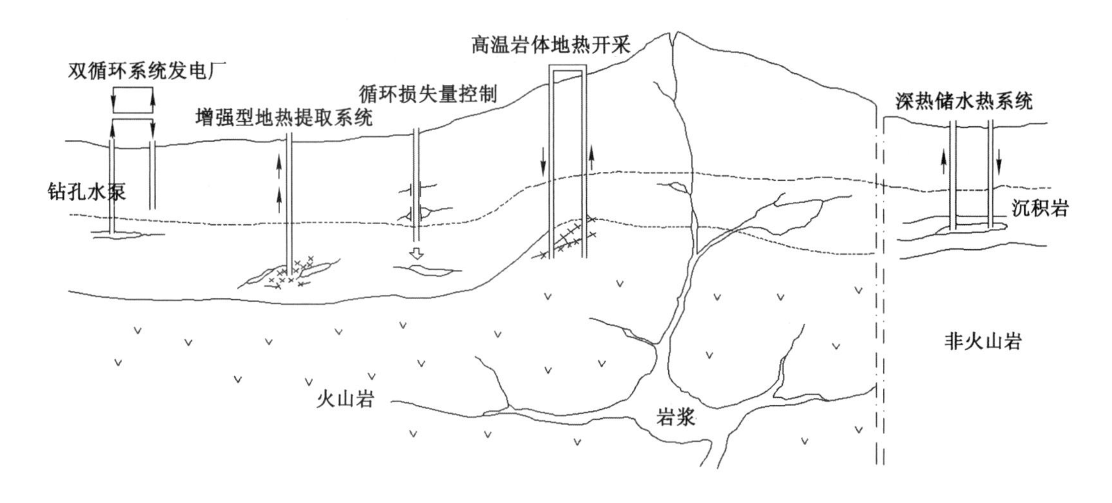

图 6-4 地热资源类型及其成因示意图

图 6-5 云南腾冲地热蒸汽

度的热水和温度高于沸点的有压力的热水，又包括湿蒸汽。温度在 90 ℃以下的地热田称为低温热水田，90～150 ℃称为中温热水田，150 ℃以上称为高温热水田。中、低温热水田分布广，储量大，我国已发现的地热田大多属这种类型。

(3) 干热岩型

干热岩是指地层深处普遍存在的没有水或蒸汽的热岩石，其温度范围很广，在 150～650 ℃之间。干热岩的储量十分丰富，比蒸汽、热水和地压型资源大得多。目前，大多数国家都把这种资源作为地热开发的重点研究目标。在我国，干热岩地热开发的基础研究也在开展。中国矿业大学自主研制的“600 ℃ 20 MN 伺服控制高温高压岩体三轴试验机系统”，可以开展地下 10 000 m 深度以内岩石所处的温度场、应力场等多场耦合作用研究，为干热岩地热开发利用提供了研究基础。

2017 年，我国首次在青海共和盆地钻获 200 ℃以上的干热岩体，实现了我国干热岩勘查的重大突破。经初步测定，3 705 m 深处岩石的最高温度可达 236 ℃，刷新了钻获干热岩温度的纪录，由 4 眼干热岩勘探井控制的干热岩体面积约 303 km^2。在共和盆地圈定的 18 处干热岩远景区，总面积达 3 092 km^2。

（4）地压型

地压型地热田是指埋藏在深 2～3 km 的沉积岩中的高盐分热水地热田，被不透水的页岩包围。由于沉积物的不断形成和下沉，地层受到的压力越来越大，可达几十兆帕，温度处在 150～260 ℃范围内。地压型地热田常与石油资源有关。地压水中溶有甲烷等碳氢化合物，可形成有价值的副产品。

（5）岩浆型

岩浆型地热田是指蕴藏在地层更深处，处于黏弹性状态或完全熔融状态的高温熔岩地热田。火山喷发时常把这种岩浆带至地面。据估计，岩浆型地热资源约占已探明地热资源的 40%左右。

上述五类地热资源中，目前应用最广泛的是热水型和蒸汽型。

6.2 地热能的开采

地热能开采具有供能持续稳定、高效循环利用、资源量大的特点，相对化石能源，可以减少温室气体排放，改善生态环境，在未来清洁能源发展中将占据重要地位，有望成为世界能源结构转型的新方向。

目前，中国对地热能的开采方式以天然热水系统为主，即开采地热水。如图 6-6 所示，通常的地热水开采模式是利用生产井抽取地下热水加以直接利用，利用回灌井把热能已利用过的地热废水或者其他工业、生活废水再压入人工储留层。该开采模式的关键是地热水的回灌。以往，鉴于回灌技术不成熟、水压入人工储留层难度大、回灌经济性差等因素，地热水开采利用以后直接排到环境中，给环境造成了一定的污染。同时，地热田的高强度开采还会造成人工储留层寿命缩短，地下水位下降，地面沉降等。

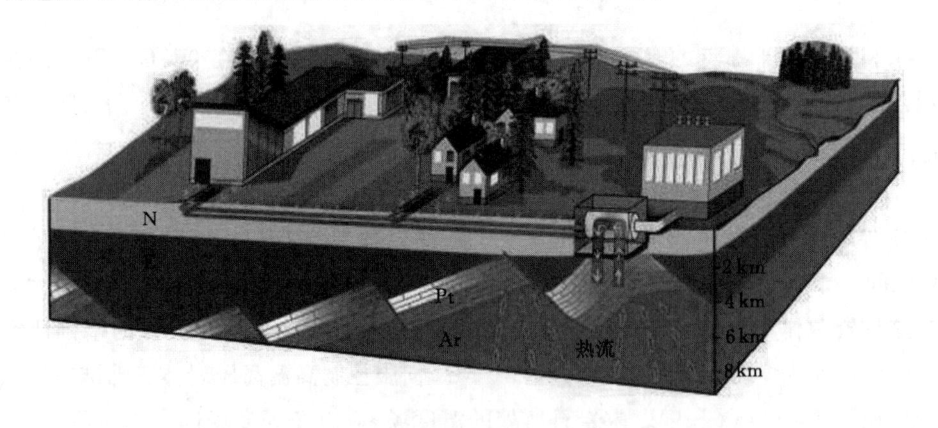

图 6-6　地热水开采与利用模型

目前,在地热水开采方面做得比较好的是河北省的雄县。雄县城区95%以上的建筑实现了地热供暖,成为中国首个地热供暖的“无烟城”。已经形成的“雄县模式”,被国家权威部门认定为技术上成熟、经济上可行的模式。该模式正处于推广阶段。

地热水的开采技术相对成熟。影响地热水开发的关键因素是天然热水资源的勘探和开发的规模、政策的支持力度。可以预期,随着社会对能源资源需求的增加、环保压力的增大、国家对新能源政策支持力度的加大,地热水的开采规模将快速增大。相较天然地热水的开采,埋藏在地球深部的高温岩体地热资源的开采难度要大得多。以下主要介绍高温岩体地热资源的开发技术。

6.2.1 高温岩体地热开采概述

一般的高温岩体都是位于深部的火成岩体,以花岗岩为主,此类岩体致密,渗透性极低,且不含水。因此,国外将其称为干热岩体地热(hot dry rock,高温岩体地热与干热岩体地热意义相同,名称可互换)。这就决定了高温岩体地热与地热水型地热开采方法的本质区别。地热水型地热是通过直接抽取地下热水实现地热提取的,而高温岩体地热通过热交换介质循环来实现对地热的提取。

1970年,史密斯(M. Smith)领导的美国洛斯·阿拉莫斯国家实验室的科学家小组提出了高温岩体地热开发的概念。其基本思想是:一个钻孔(注水井)进入热的岩体,然后通过水压致裂等技术手段形成裂缝带;另一个钻孔(生产井)进入裂缝带(人工储留层)。从一个钻孔进入裂隙区的水循环后从另一个钻孔以压力热水的形式抽到地面,直接减压发电。所以,该地热提取系统由注水井、生产井和人工储留层组成,如图6-7所示。

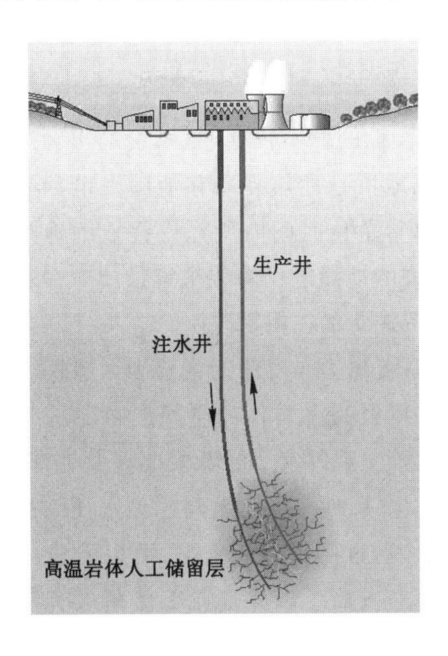

图6-7 高温岩体地热开发示意

高温岩体地热系统近年来由美国等改进为增强型地热系统，扩大了应用范围。通过利用传统热水型或干热岩地热资源，提高岩石的渗透率及干热岩或缺水系统的含水量。全世界任何 5～10 km 深度的岩石中都有大量的热能，因此，其开发潜力巨大。

高温岩体地热开发的关键问题可以用图 6-8 清楚地表示：它包括深部钻井、耐热钻杆、耐高温钻井泥浆、孔底用耐高温马达、耐高温耐磨损钻头、耐高温固井水泥、耐高温井管、生产井用 PTSD 检测器、观测井用 PT 检测系统等。上述技术可以归纳为深部高温岩体钻井技术、人工储留层建造技术和地热开采监测技术。

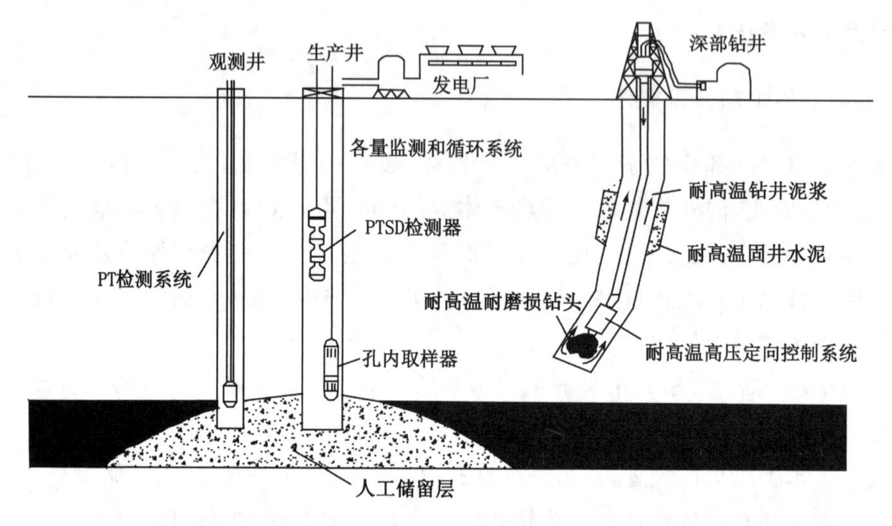

图 6-8　高温岩体地热开发概念模型(据和田泰刚等)

6.2.2　高温岩体地热开采系统设计

高温岩体地热开采系统设计的基本依据，是系统的出力与寿命的问题，即要求开采系统能最高效率、最长服务年限地用于地热提取和地面发电的稳定运行。所谓出力，是指该开采系统在设计的服务年限内，单位时间内所允许提取的地热资源量。更具体地讲，出力指的是该地热开采系统所允许的地面电厂的装机容量。寿命指的是该电厂的服务年限，也就是该地热开采系统可提取资源量的枯竭期限。

影响高温岩体地热开采系统出力与寿命的主要因素有两个方面：一方面是地壳岩体的导热系数、原始温度与温度梯度及高温岩体的空间展布范围等客观因素；另一方面是钻井深度、人工储留层的空间规模等主观因素。前者主要涉及地球物理、大地构造、选址与勘探等工程，后者主要涉及定向井深钻、地应力测量与巨型水压致裂等工程。通过深钻，可以探获很高温度的岩体地热区域。通过巨型水压致裂，可以形成巨大的热交换区域，一方面可以保证注入水的迅速升温，另一方面可以保证人工储留层有足够的换热面积，使其长期维持高温运行。

高温岩体地热开采系统由注水井、生产井和人工储留层组成。在注水井和生产井之间通过巨型水压致裂技术在高温岩层中建造人工储留层，从而使注水井、人工储留层和生产井构成完整的高温岩体地热开采的水循环系统(见图 6-9)。

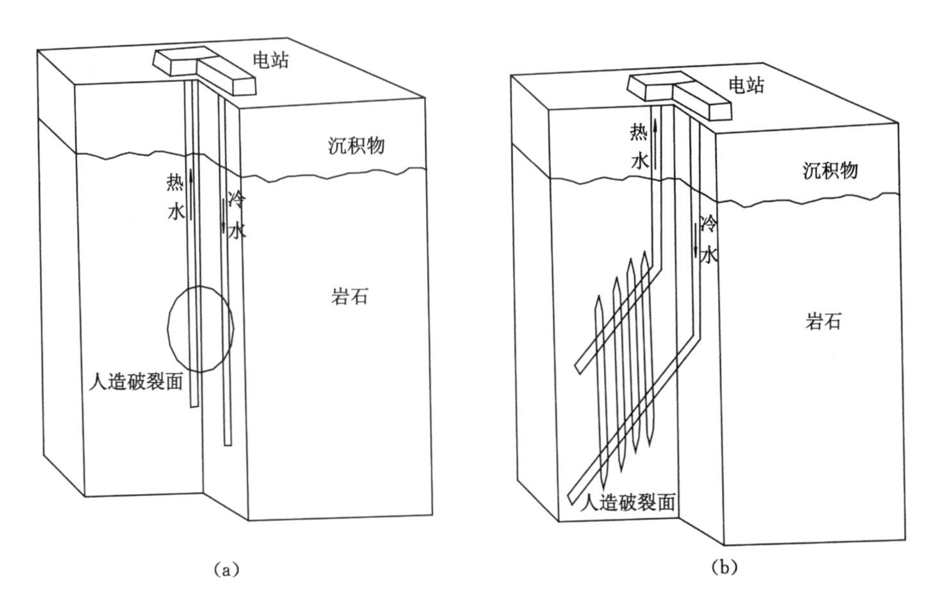

(a) 钻(完)井;(b) 人工储留层。

图 6-9 高温岩体地热开采钻井技术原理(据王佩琕)

(1) 合理井深

在开采高温岩体地热时,地热井若能在相对长的时间内稳定地提取地热,开采效益会显著提升。高温岩体温度越高,稳定提取地热的时间可能会越长,但是在高温高压岩体中施工钻井涉及钻井成本和技术水平等问题。井深主要由岩体温度、钻井技术水平和钻井成本决定。合理的井深就是在钻井技术水平和钻井成本允许的前提下,可以达到的最高温度的岩体的深度。

美、日等国家的高温岩体地热开采技术先进。从它们的经验来看,在温度高于 350 ℃的高温岩体地热层中建造人工储留层开采地热是经济的。在现有钻井技术条件下,地温梯度为 60 ℃/km 以上时,地热开采成本才可与化石能源相竞争。因此,当地温梯度为60 ℃/km时,合理的井深约为 6 000 m;当地温梯度为 80 ℃/km 时,合理的井深约为 4 500 m。当然,高温钻井技术在不断进步,钻井成本也在不断降低,这意味着井深有望进一步增加,岩体温度也可不断增高。

上述数据的取得,实际上付出了极为高昂的代价。1973—1978 年,美国率先在洛斯·阿拉莫斯(Los Alamos)的芬顿山(Fenton Hill)开展了高温岩体地热开发的第 1 期试验,井深 2 930 m,岩体温度达到 197 ℃;但是在仅运行 75 d 后,就发现产出的水温下降显著,由175 ℃降低到 85 ℃,地热提取效率明显降低,因而就停止了试验。1979—1980 年,第 2 期试验注水井深度达到 4 390 m,岩体温度达 325 ℃,且长期运行效果良好,遂建成了世界上第一座高温岩体地热电站,并运行至今。1984 年,日本在肘折地区实施了高温岩体地热开发试验,揭露地温 254 ℃。然而,虽经巨型水力压裂形成人工储留层,但地热提取效率仍十分低下，于 1989 年才建成了高温岩体地热电厂。1992 年，法国施工地热钻井(井深 3 590 m)，地温 159 ℃；但因地热提取效率低，温度下降快而停止。这些国家在高温岩体地热开采技术的探索过程中，均开展了多期试验，积累了大量的地热开采试验数据，目前在地热开采技术领域领先。

(2) 人工储留层范围

在高温岩体温度确定的前提下，换热面积是决定开采系统出力与寿命的关键因素。人工储留层的换热面积与它的空间范围也有密切关系。根据国外高温岩体地热开采经验，满足一个 10 MW 发电机组发电的人工储留层体积至少应达到 5.0×10^{8}～1.0×10^{9} m^3。按照现行的定向水平井通过垂直裂缝连通的人工储留层建造技术方案，注水井与生产井水平段的垂直距离 500 m 和水平距离 600～1 000 m 段内全部用裂缝连通，即可形成 5.0×10^{8}～1.0×10^{9} m^3 体积的人工储留层。

美国在芬顿山建成的世界上第一座高温岩体地热电站，装机容量 10 MW，其人工储留层的体积为 7.5×10^{8} m^3，由 14 条面积为 75 000 m^2 的裂缝组成，水平距离覆盖 1 000 m。英国在康沃尔(Cornwall)地区开展的高温岩体地热开发工业性试验中，试验井检测压裂体积达 8.25×10^{8} m^3。法国在苏茨(Soultz)地区进行的高温岩体地热开发试验，检测的人工储留层压裂体积达 3.2×10^{8} m^3。

对 100～200 MW 级的电厂而言，必须增加更多的地热开采循环井组。人工储留层的范围在很大程度上受限于建造人工储留层的技术水平。

(3) 井孔的位置、间距与水平井方向

高温岩体地热开采系统中的人工储留层，一般是通过巨型水压致裂或巨型爆破技术实现的。采用水压致裂技术时，裂缝的扩展面一般垂直于地应力的最小主应力方向。因此，水平井一般沿最小主应力方向施工，然后在水平段内分段实施压裂或爆破。从经济角度考虑，注水井和生产井的水平井段的垂直距离在 500～800 m 时，才能达到商业运行的目的。由于注水井和生产井是通过水平井段连通的，垂直段的距离对人工储留层的换热影响不大。为了便于井口的集中管理和地热电厂的运行，两井的垂直段相距 30～50 m 即可，这样也可以降低高温水和低温水的输送管线长度。

(4) 循环井组的水平间距

高温岩体地热开采系统对地热的提取实际上是通过热的两种传输形式实现的：非人工储留层区域的高温岩体地热区和人工储留层之间是通过传导的形式传热的，人工储留层内是通过传导和对流的方式将岩体热量传输给循环水的。因此，循环井组水平间距的确定取决于人工储留层的规模与半径、岩体导热系数和温度梯度。

高温岩体地热开采系统一般是由一口注水井、一口生产井和人工储留层构成的。注水井和生产井垂直间距 500～800 m。当通过水压致裂法连通两井时，连通裂缝可以近似看作圆盘形，也就是裂缝半径至少在 500～800 m。在该区域内，由于裂缝的导通，水可以直接被加热，而不需要通过岩体传导热量再加热水。人工储留层中循环水不断地提取热量，而使其温度降低，致使人工储留层与围岩之间形成温度梯度，从而导致围岩热量向人工储留层传输。

若人工储留层建造在 350 ℃的高温岩体中，假定人工储留层温度在回采后期降低到 150 ℃，人工储留层与围岩热交换的温度梯度最小为 30 ℃/km，围岩允许残留温度取为 200 ℃，则离开裂缝热水交换区，仅靠热传导交换热量的半径可以达到 2 000 m，加上裂缝半径 500 m，可以获得单循环井组的地热提取半径为 2 500 m，由此获得高温岩体地热开采井组的水平间距为 5 000 m。

若人工储留层建造在 500 ℃的高温岩体中，假定人工储留层温度在回采后期降低到 150 ℃，人工储留层与围岩热交换的温度梯度最小为 30 ℃/km，围岩允许最高残留温度取为 250 ℃，则离开裂缝热水交换区，仅靠热传导交换热量的半径可以达到 3 000 m，加上裂缝半径 500 m，可以获得单循环井组的地热提取半径为 3 500 m，由此获得高温岩体地热开采井组的水平间距为 7 000 m。

事实上，在高温岩体地热提取过程中，随着岩体温度降低，岩体会出现大量的热破裂问题。岩体热破裂的发生，使人工储留层热交换能力变得更强，更主要的是原先以纯传导方式传热的人工储留层周围岩体，因为破裂渗透性急剧增加，大量水渗入该区域，而使仅以传导形式传热的区域演变成以传导和对流复合形式传热的热交换区域，甚至可能使不同的井组连通，形成事实上的巨型人工储留层，从而使得高温岩体地热更易开采。按此原理，还可以进一步加大井组间距，从而使得钻井成本进一步降低。

6.2.3 人工储留层建造

人工储留层建造是高温岩体地热开采最关键的步骤。人工储留层建造得好坏，直接关系到高温岩体地热开采的成本和经济性。多年来，人们多采用巨型水压致裂法建造人工储留层。在原生裂隙极不发育且相对均质和各向同性的高温花岗岩体中，水压致裂产生的裂缝往往严格地受地应力场的控制，裂缝的扩展方向一般都垂直于最小主应力方向。因此，确切掌握高温岩体地层的天然应力状态是建造人工储留层的重要环节。

(1) 人工储留层建造方法

建造人工储留层时，首先应保证载热流体和高温岩体之间有足够大的热交换面积，以保证所建地热开采系统具有较长的使用寿命与较大的出力；其次，在高温岩体中应形成足够大的孔洞和裂隙，以使抽出的载热流体达到较高的温度，并具有较高的抽取速率，从而提高经济效益；最后，所形成的裂隙对载热流体的阻力要小，这样可以降低地热开采井的能耗，减小载热流体的循环损失。目前，建造人工储留层的技术与方法主要有水压致裂法、爆破法和热应力法。

水压致裂技术，首创于美国堪萨斯州修果顿天然气田，一直是增加石油和天然气产量的一种重要措施。它以高压水注入一段封闭的井孔使孔壁附近产生大量裂纹，致使岩体中原有裂纹张开和扩展，经向井中多次重复性高压注水使得两井间产生由大量裂纹构成的破裂带来连通两井，从而形成巨型人工储留层。

爆破法是指在高温岩体地层设计的部位放置炸药，利用炸药爆炸瞬间释放的巨大能量产生新的裂隙，从而形成巨型人工储留层。

热应力法的原理是在岩层的某些部位，采用一些特殊的方法，使其温度突然升高或降低而产生热应力，从而使岩层裂隙扩张或产生新的裂隙。例如，使用温度可高达 2 000 ℃的火焰器，或液氮汽化时产生的低温（可达−200 ℃），均可达到上述目的。但这种方法难以使岩体大规模破裂，因而不能用于建造巨型人工储留层。

按照形成热交热表面的破岩方式，人工储留层可分为 6 种形式。图 6-10 示意出了这 6 种人工储留层的地热开采循环系统，其中前 3 种为利用地下爆破法形成的人工储留层，后 3 种为采用水压致裂法建立的人工储留层。

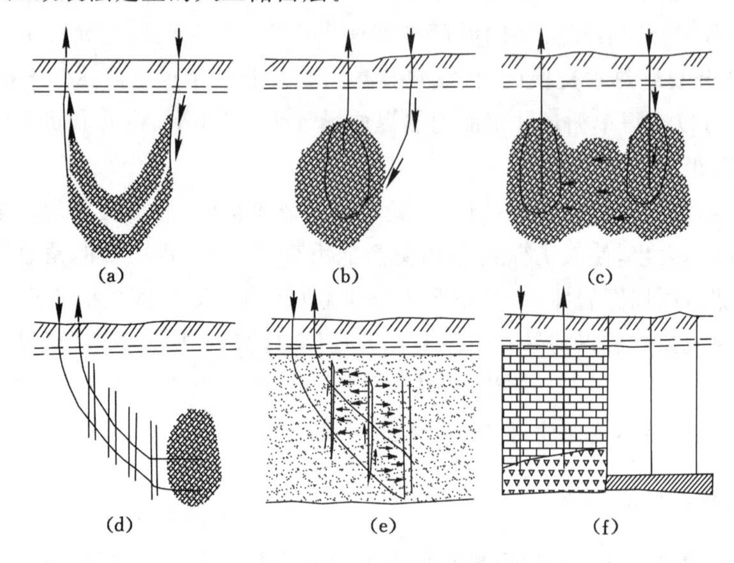

图 6-10 高温岩体人工储留层开采循环系统示意图（据霍广新）

图 6-10(a)所示为地下爆破形成纵向岩体破碎带的人工储留层开采系统，爆破形成的纵向破碎带底部接近，能够相互贯通。图 6-10(b)所示为地下爆破形成径向岩体破碎区的人工储留层开采系统。这两种人工储留层构建方法均存在钻孔工作量大的问题，且需要长时期对钻孔进行维护。正是由于这些原因，以上两种人工储留层的构造方法仅停留在设计阶段，没有进行工程应用。人们普遍认为，这两种形式的地热开采循环系统不具有应用和推广价值。

图 6-10(c)所示是由俄罗斯圣彼得堡矿业学院研究出的一种通过地下爆破方法形成的地热开采循环系统。这种人工储留层构造方法与图 6-10(a)和图 6-10(b)所示的方法类似，也是通过钻孔爆破形成岩体破碎区的。但是这种方法形成的破碎区范围更大，相互贯通，相邻钻孔间径向破碎区域能够形成热载体的渗透通道，换热面积更大。

图 6-10(d)所示人工储留层系统是由美国洛斯・阿拉莫斯国家实验室发明的，是目前被认为较有利用前景的一种人工储留层形式。它通过水压致裂的方式，在类似花岗岩的致密非渗透（或弱渗透）岩体中，人工形成竖向裂隙带或单一裂隙，进而形成人工储留层。

图 6-10(e)所示的地热开采循环系统有别于图 6-10(d)所示的类型。它是在具有复杂的竖向和水平渗透性沉积岩体中构建的，手段仍然是水压致裂法，压裂液用的是黏性液体或泡沫液体。压入的热载体沿着渗透性热岩体的弱面间隙以及水压致裂产生的裂隙流动换热，不断把热量带到地面，同时也可避免热载体的渗透流失。

图6-10(f)所示的地热开采循环系统，主要通过水压致裂法，在地热开采区上方的岩体中产生岩体破碎区，从而形成人工储留层。在巨大的人工储留层内，当水力阻力较小时，在注水井和生产井内热载体的相对密度、温度差作用下能够产生一种自喷循环系统。

目前，一般采用巨型水压致裂技术建造高温岩体人工储留层。首先，通过地面向高温岩体地热岩层中施工2个接近水平的钻孔；然后，在较深的1个钻孔中分段封隔，采用水压致裂法分段压裂，产生垂直钻孔的裂缝，与近水平的生产井相沟通。如此间隔形成许多的垂直裂缝，即构成人工储留层。

采用的水压致裂工艺不同，压裂规模则不同，在高温岩体中会形成不同的裂缝形式，如单一的大裂缝、多条平行的小裂缝、网络状裂缝，如图6-11所示。如果采用单一水压致裂方法产生密集的裂缝，裂缝能够相互贯通，就可以形成较大范围的体积裂缝，如图6-11(c)所示。这种地热开采循环系统换热效率较高。

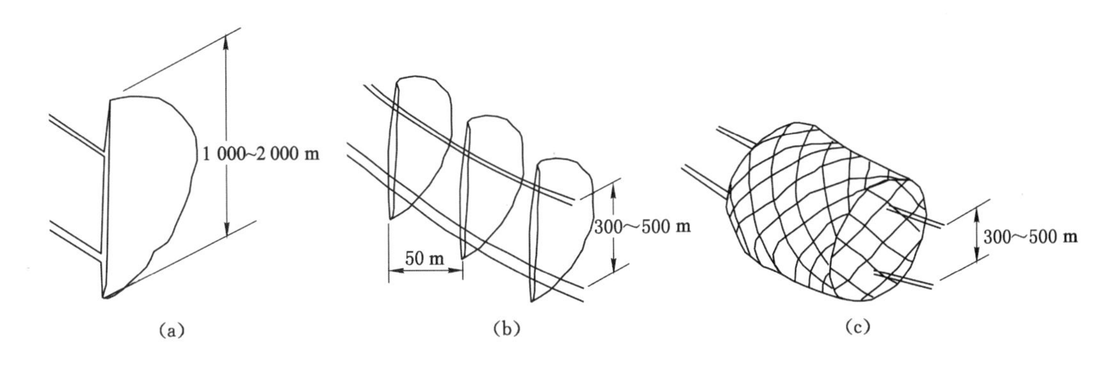

(a) 单一的大裂缝；(b) 多条平行的小裂缝；(c) 网络状裂缝。

图6-11 建造人工储留层的几种模型[据布朗(Brown)]

(2) 人工储留层建造的实时监测

人工储留层建造的实时监测，主要是确定实施建造工程时高温岩体裂缝产生、扩展的动态过程以及岩体破裂的空间趋向和几何分布形态。主要的监测方法有电磁波探测方法、地震波探测方法和微地震探测方法。

① 电磁波探测方法

根据磁导率在裂隙区与非裂隙区的差异，在工程中常采用大地电磁波探测方法来确定裂隙区。这种方法由大地电磁法控制源设备发射一定频率范围的电磁波，同时由接收系统自动捕获和记录一定时段的电磁波反射数据，数据经微机处理后根据磁导率来分析裂隙区域。这种方法曾应用于日本秋田(Akita)县的地热区的评价。

② 地震波探测方法

这种方法采用炸药导爆形成震源，然后由接收器拾取P波和S波的初至时间及高频地震波信号，建立地震波速度层析图像，从而确定裂隙区的范围与特征。一般由于地面震源难以获取高频率反射同相轴信号，故常采用井间地震法。即在钻井内一定深度按一定的间隔距离布置炮点作为震源，并在井内安置接收器拾取和记录相应的信号，经处理所获取的数据来确定裂隙区域。

③ 微地震探测方法

水压致裂常引发大量微震，由专用的观测孔或地面布置的地震仪可以清晰记录到这些微震事件。微地震探测方法可以实时监视破裂带扩展过程，并能以高精度测量破裂带几何参数，如破裂带的长、宽和高，而且能估计破裂带的扩展方向及速率。

6.2.4 高温岩体地热开采的监测

在高温岩体地热开采过程中，不断地提取高温岩体的热量会使岩体温度下降，从而使高温岩体产生二次破裂。注入的水量在循环过程中的损耗情况，生产井的出水量、水温和水压是否稳定等，直接影响高温岩体地热开采效益。为了掌握高温岩体的地热开采过程，有必要在开采过程中进行各种变化量的监测。

高温岩体地热开采的监测通常需要确定人工储留层的应力状态、人工储留层内裂缝的扩展情况、热流体运行的出水量、水温、水压、注入水循环损失量、温度随时间变化情况、水的化学成分随时间变化情况以及地热岩体的温度场变化情况等。

在注水井和生产井工作期间，通过测试热水流量确定所生产的热能的变化、总的水流阻力的变化、造成人工储留层扩大的地表注水压力和生产井背压的情况，以及推断人工储留层有效体积变化等。

(1) 人工储留层裂隙扩展监测

一般地，注入人工储留层的低温水的温度与母岩的温度相差较大。人工储留层岩体裂缝与低温水接触的表面会由于骤然冷却而产生热应力。在热应力和地热提取过程中的水压力复合作用下，岩体裂缝会进一步扩展或在岩体内产生新的裂缝，从而使得人工储留层及其围岩产生二次甚至三次破裂，形成网络状裂缝系统。另外，由于组成岩体的矿物颗粒的热收缩系数不同，岩体温度降低会导致其产生热应力，从而发生大量微破裂。岩体破裂时可引发大量微震和声发射事件。可以通过在监测井内或地面布置的地震仪和声发射仪清晰记录到这些破裂事件，实时监视破裂扩展过程，估计破裂扩展方向及速率。这项工作比较复杂，世界上各高温岩体地热开采国家均未进行此类观测。而高温岩体地热开采过程中大量循环水的损失，能非常好地说明岩体进一步破裂的事实。

(2) 热流稳定性监测

人工储留层的热流稳定性是通过直接测量生产井出水口流体的流量和温度等实施监测的，以研究人工储留层在流量一定的条件下，随着开采时间的延长温度的变化情况。

(3) 水损失量监测

注水损失量可通过测量注水井的注水流量和生产井的回水流量来确定。

(4) 水的化学成分随时间变化的监测

在注入水排出期间，在地表定期采取水样，分析水的化学成分。表 6-1 为某地热井水的化学成分含量监测结果。从表 6-1 中可看出，各种化学成分的变化量很小，有的基本不变。这说明高温岩体地热开采不会产生环境问题，因而地热能是一种洁净能源。

表 6-1　某地热井水的化学成分含量(质量分数)　　单位:10^{-6}

成　分	观测时间	
	1992-02-15	1993-07-27
Cl^-	1 220	953
Na^+	1 100	900
碳酸氢盐	552	588
SiO_2	458	424
硫酸盐	285	378
K^+	95	89
B^{3+}	47	35
Ca^{2+}	19	18
Li^+	19	16
氟化物	14	17
溴化物	6.5	5
As^{3+}	3.8	7.2
Fe^{2+}、Fe^{3+}	1.0	0.8
Al^{3+}	0.9	1.2
NH_4^+	0.8	1.1
Sr^{2+}	0.8	0.8
Ba^{2+}	0.2	0.2
Mg^{2+}	0.2	0.1
硫化物	0.2	0.1
硫酸氢盐	<0.03	0.2
固体溶解物总量	3 823.4	3 434.7
CO_2	2 747	2 370
N_2	58	71
O_2	0.25	0.35
H_2S	0.45	0.33

6.3　地热能的利用

人类很早以前就开始利用地热能。例如,利用温泉沐浴、医疗,利用地下热水取暖以及建造农作物温室、养殖水产、烘干谷物等。但是,直至20世纪中叶才真正认识地热资源并进行较大规模的开发利用。

地热能的利用可分为地热发电和直接利用两大类。不同温度的地热流体可利用的范围如下:200～400 ℃,用于直接发电及综合利用;150～200 ℃,用于双循环发电、制冷、工业干燥、工业热加工;100～150 ℃,用于双循环发电、供暖、制冷、工业干燥、脱水加工、盐类回收、罐头食品加工；50～100 ℃，用于供暖、温室建造、家庭用热水供给、工业干燥；20～50 ℃，用于沐浴、水产养殖、牲畜饲养、土壤加温、脱水加工。

为提高地热利用率，现在许多国家采用梯级开发和综合利用的办法，如热电联产联供、热电冷三联产、先供暖后养殖等。

6.3.1 地热发电

地热发电是地热能最主要的利用方式。它是利用地下热水和蒸汽为动力源的一种新型发电技术。其基本原理与火力发电类似，也是根据能量转换原理，首先把地热能转换为机械能，再把机械能转换为电能，如图 6-12 所示。目前，我国地热发电装机容量较低，2014 年不到 30 MW，世界排名第 18 位。

图 6-12　地热发电原理示意图

1904 年，意大利人拉德瑞罗利用地热发电，并创建了世界上第一座地热蒸汽发电站，装机容量为 250 kW。截至 2020 年年末，全球地热发电累计装机容量已达到 15.6 GW。预计至 2030 年、2050 年，全球地热发电装机容量将分别达到 51 GW、150 GW。图 6-13 为冰岛奈斯亚威里尔地热发电场景。

图 6-13　冰岛奈斯亚威里尔地热发电场景(据格雷特·依瓦森)

高温地热流体应首先应用于发电。根据地热流体的类型，目前有两种地热发电方式，即蒸汽型地热发电和热水型地热发电。热水型地热发电还可以再分为闪蒸型地热发电和双循环型地热发电。

（1）蒸汽型地热发电

蒸汽型地热发电是把蒸汽田中的干蒸汽直接引入汽轮发电机组发电，如图6-14所示。这种发电方式最为简单，但干蒸汽地热资源十分有限，且多存于较深的地层中，开采技术难度大，故发展受到限制。西藏羊八井地热电站采用的便是蒸汽型地热发电形式，如图6-15所示。

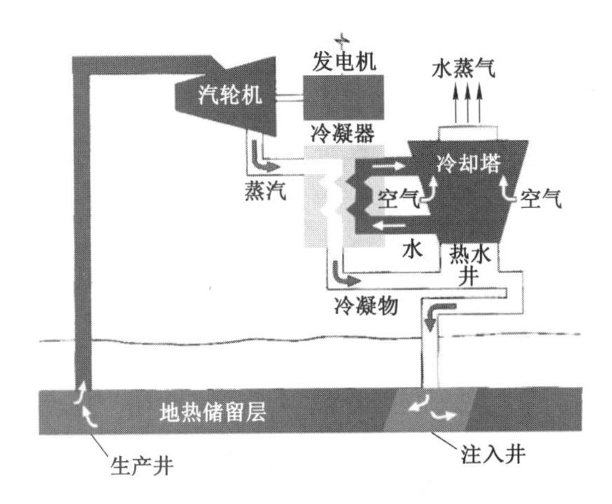

图6-14　地热干蒸汽发电原理

图6-15　西藏羊八井地热电站

（2）闪蒸型地热发电

闪蒸型地热发电系统的流程如图6-16所示。当高压热水从热水井中抽至地面，由于压力降低，部分热水会沸腾并“闪蒸”成蒸汽，蒸汽送至汽轮机做功发电；而分离后的热水可继续利用后排出，当然最好是回注入地层。图6-17为美国加利福尼亚州帝王谷地热电站。

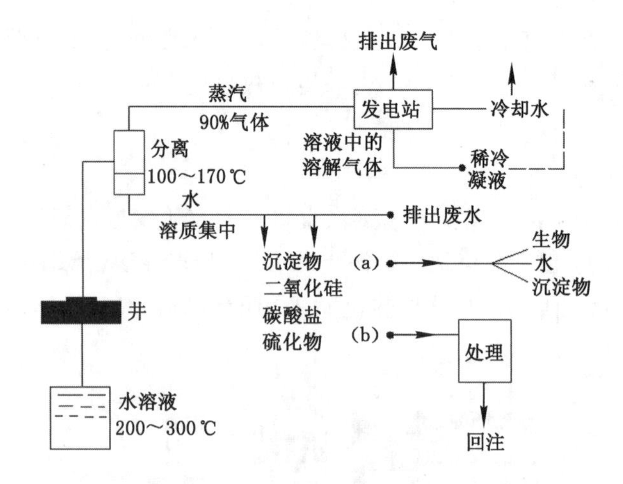

图 6-16　闪蒸型地热发电系统的流程

图 6-17　美国加利福尼亚州帝王谷地热电站

(3) 双循环型地热发电

双循环型地热发电系统的流程如图 6-18 所示。地热水首先流经热交换器，将地热能传给另一种低沸点的工作流体，使之沸腾而产生蒸汽。蒸汽进入汽轮机做功后进入凝汽器，再通过热交换器而完成发电循环。地热水则从热交换器回注入地层。这种系统特别适合开发含盐量大、腐蚀性强和不凝结气体含量高的地热资源。发展双循环型地热发电系统的关键技术是开发高效的热交换器。

闪蒸型地热发电系统和双循环型地热发电系统还可以相互结合，形成闪蒸—双工质循环型联合地热发电系统。此时，闪蒸器产生的蒸汽直接用于发电，产生的饱和水则用于低沸点有机工质发电。这种特殊的能量转换系统，能使地热资源得到充分利用。闪蒸—双工质循环型联合地热发电系统，输出的功率等于闪蒸型地热发电系统和双循环型地热发电系统之和。

地热发电在我国某些地区发展很快。例如，西藏有羊八井地热电站（装机容量

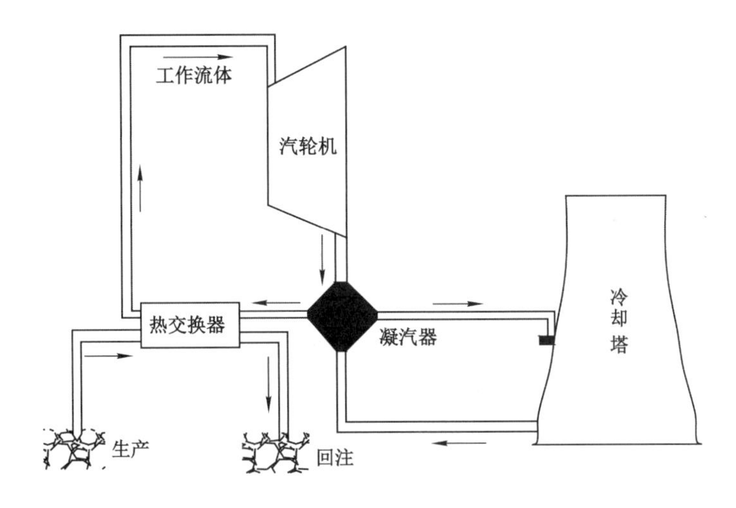

图 6-18 双循环型地热发电系统的流程

25 180 kW)、朗久地热电站(装机容量 1 000 kW)、那曲地热电站(装机容量 1 000 kW),它们已成为西藏电力的主要供应者。1980 年以来,世界地热电站发展很快。表 6-2 给出了一些国家的地热电站的装机容量。

表 6-2 一些国家的地热电站的装机容量 单位:MW

		美国	菲律宾	印度尼西亚	墨西哥	意大利	日本	新西兰	冰岛
装机容量	1995 年	2 817	1 227	310	753	632	414	286	50
	2000 年	2 228	1 909	590	755	785	547	437	170
	2010 年	2 405	1 847	1 189	965	728	537	731	575
	2015 年	2 545	1 916	1 439	906	768	516	986	665
	2018 年	2 546	1 944	1 946	951	767	536	996	753

地热电站与常规电站相比,除可减少污染物,特别是 CO_2 排放外,另外一个突出的优点是其占地面积远小于采用其他能源的电站。

6.3.2 地热能的其他利用

(1) 地热供暖

将地热能直接用于采暖、供热和供热水是仅次于地热发电的地热利用方式。这种利用方式简单、经济性好,备受各国(特别是位于高寒地区的西方国家)重视,其中冰岛开发利用得最好。目前,地热在冰岛的一次能源供应中占比高达 68%。冰岛 90%以上的房屋都采用地热供暖。该国早在 1928 年就在首都雷克雅未克建成了世界上第一个地热供热系统。如今这一供热系统已发展得非常完善,每小时可从地下抽取 7 740 t 温度为 80 ℃的热水,供全市 11 万居民使用。由于没有高耸的烟囱,冰岛首都被誉为“世界上最清洁无烟的城市”。

此外,利用地热给工厂供热,如用作干燥谷物和食品的热源,也是大有前途的。目前,世界上最大的两家地热应用工厂就是冰岛的硅藻土厂和新西兰的纸浆加工厂。

我国利用地热供暖和供热水发展也非常迅速，在京津地区已成为地热利用中最普遍的方式。例如，早在 20 世纪 80 年代，天津市就有深度大于 500 m、温度高于 30 ℃的热水井 356 口，其热水已广泛用于工业加热。截至 2015 年年底，天津市登记地热采矿权 329 个，地热供暖小区及公共建筑 340 个，地热供暖面积达到 2 503 万 m^2，占全国地热供暖总面积的 40%。地热利用年节约 32.6 万 t 标准煤，减少 CO_2 排放量 77.5 万 t。

2020 年，我国地热能供暖(制冷)面积累计达 13.92 亿 m^2，大致达到每人 1 m^2 的指标，其中，浅层地热能供暖(制冷)面积达 8.1 亿 m^2，中深层地热能供暖(制冷)面积达 5.82 亿 m^2。预计到 2025 年，我国地热能供暖(制冷)面积接近 21 亿 m^2。

(2) 地热应用于农业领域

地热在农业领域的应用范围十分广阔。例如：利用温度适宜的地热水灌溉农田，可使农作物早熟增产；利用地热水养鱼，在 28 ℃水温下可加速鱼的育肥，提高鱼的出产率；利用地热建造温室，可育秧、种菜和养花；利用地热给沼气池加温，可提高沼气的产量等。将地热能直接用于农业在我国日益广泛，北京、天津、西藏和云南等地都建有面积大小不等的地热温室。各地还利用地热大力发展养殖业，如培养菌种和养殖非洲鲫鱼、鳗鱼、罗非鱼、罗氏沼虾等。例如：湖北英山利用地热渔场，养殖罗非鱼、鲳鱼、鲶鱼、甲鱼、牛蛙等，收入丰厚；云南昆明利用地热水养殖甲鱼，养殖周期短，资金周转快，利润是普通养殖的 40 倍。

(3) 地热应用于医疗领域

地热在医疗领域的应用有诱人的前景。目前，热矿水被视为一种宝贵的资源，世界各国都很珍惜。地热水是从很深的地下提取的，除温度较高外，常含有一些特殊的化学元素，从而具有一定的医疗效果。如含碳酸的矿泉水供饮用，可调节胃酸、平衡人体酸碱度；含铁矿泉水供饮用，可治疗缺铁性贫血；氢泉、硫化氢泉用于洗浴，可治疗神经衰弱和关节炎、皮肤病等。

温泉的医疗作用及伴随温泉出现的特殊的地质、地貌条件，使其常常成为旅游胜地，从而吸引大批疗养者和旅游者。日本就有 1 500 多个温泉疗养院，每年吸引 1 亿人到这些疗养院休养。

我国利用地热治疗疾病的历史悠久，含有各种矿物元素的温泉众多。因此，充分发挥地热的医疗作用，发展温泉疗养行业是大有可为的。

6.4 地热能开采与利用展望

我国地热资源极为丰富，其中，浅层地热资源量相当于 95 亿 t 标准煤，中深层地热资源量相当于 8 530 亿 t 标准煤。20 世纪 90 年代以来，在市场经济需求的推动下，地热资源的开发利用得到了更加蓬勃的发展。近年来，为了减少空气污染，政府大力推广包括地热在内的清洁能源应用，进一步推进了地热资源的开发利用。

我国的地热资源勘查开发工作起步较晚，勘查工作始于 20 世纪 50 年代，真正大规模勘查和开发利用则是在 20 世纪 70 年代初才开始的。近年来，中国地质调查局组织开展了干热岩的勘查试验，于2014年与青海省合作开展干热岩勘查工作，在共和盆地和贵德盆地3 000 m深钻探发现了温度达180 ℃和150 ℃的干热岩。2015年，中国地质调查局实施的我国第一口4 000 m干热岩科学钻探孔在福建漳州开钻，目前钻探深度已达到3 100 m。2017年，我国首次在青海共和盆地钻获温度200 ℃以上的干热岩体，实现了我国干热岩勘查的重大突破。

尽管我国的地热资源开发利用正以年均12%的速度增长，但与丰富的地热资源量相比，目前的地热资源利用尚未达到规模。经科学评估，我国大陆3～10 km深处干热岩资源总计合8.6×10^6亿t标准煤。若按2%为可开采资源量计算，相当于我国大陆2010年能源消耗量的4 400倍。相对浅层地热能开采应用技术的成熟程度以及成规模的大面积应用，干热岩的开发利用技术门槛以及开采成本都更高。

可以预见，在国家规划的指引下，我国干热岩地热资源开发将迎来曙光。但与国外相比，我国利用中低温地热资源发电的效率仍然有较大的提升空间，干热岩发电技术难题待解。重点跟踪国际地热发电技术动态和发展趋势，立足国情，集中力量攻克技术难题是加快地热发电进程的关键因素。

2021年，在“碳达峰、碳中和”大背景下，国家发展改革委、国家能源局等八部门联合发布的《关于促进地热能开发利用的若干意见》指出：到2025年，各地基本建立起完善规范的地热能开发利用管理流程，全国地热能开发利用信息统计和监测体系基本完善，地热能供暖（制冷）面积比2020年增加50%，在资源条件好的地区建设一批地热能发电示范项目，全国地热能发电装机容量比2020年翻一番；到2035年，地热能供暖（制冷）面积及地热能发电装机容量力争比2025年翻一番。

要实现上述目标，必须要破解地热能发展的瓶颈，地热的开发利用对技术和装备要求比较高，尤其在地热发电方面更是如此。投资大、周期长、风险高意味着我国必须通过国家规划、技术引进、项目示范、政策优惠等方式推动地热资源的开发利用。

思 考 题

（1）简述地热能的概念和主要类型。

（2）在高温岩体地热资源开采过程中，人工储留层的建造方法主要有哪几种？

（3）简述地热能的利用途径。

第7章 核　能

1789年,德国化学家克拉普罗特(M. H. Klaproth)从沥青铀矿中分离出了铀。1841年,法国化学家佩利戈特(E. M. Peligot)用钾还原四氯化铀,成功地获得了金属铀。1896年,法国物理学家贝可勒尔(A. H. Becquerel)发现了铀的放射性现象。1939年,哈恩(O. Hahn)和斯特拉斯曼(F. Strassmann)发现了铀的核裂变现象。铀是人们在自然界中发现的最重的金属,通常也被认为是一种稀有金属。尽管铀在地壳中分布广泛,但是沥青铀矿和钾钒铀矿两种常见的铀矿床却很有限,且铀的提取难度非常大。元素钍是1828年由瑞典化学家伯齐利厄斯(J. J. Berzelius)发现的。1898年,居里夫人(Marie Curie)和施密特(C. G. Schmidt)分别发现了钍的放射性现象。1939年,格兰特(Grant)发现了钍的核裂变现象。中国的铀矿和钍矿资源都比较丰富,是国家能源工业的重要原材料,为我国的国民经济持续稳定发展提供了保障。

7.1 铀

7.1.1 铀的基本性质

(1) 铀的物理性质

铀是元素周期表中锕系的金属元素,元素符号为U,原子序数为92。在自然界中铀存在3种同位素,其相对丰度及半衰期如表7-1所示。这3种同位素均具有放射性,都能够自发地蜕变成另外一种原子核,同时伴随有射线的放出。

表7-1 铀的3种同位素的相对丰度及半衰期

铀的同位素	相对丰度/%	半衰期/a
^{238}U	99.273 9	4.5×10^{9}
^{235}U	0.720 5	7.3×10^{8}
^{234}U	0.005 6	2.6×10^{5}

由于铀的化学性质很活泼,自然界中不存在游离态的金属铀,它总是以化合态存在。金属铀呈银白色,具有金属光泽,微带淡蓝色色调,熔点为1 135 ℃,沸点为3 927 ℃,比铜稍低,密度为19.05 g/cm^3。铀的主要物理参数见表7-2。

表 7-2　铀的主要物理参数

参数	单位	值	参数	单位	值
熔点	℃	1 135	热导率	W/(m·K)	27
熔化热	kJ/mol	11.3	磁化率		1.74×10^{-6}
升华热	kJ/mol	539.7	电阻率	$\mu\Omega\cdot m$	0.3
比热容	J/(kg·K)	117.2	电导(0～20 ℃)	μS	0.034
沸点	℃	3 927	汽化热	kJ/mol	460
密度	g/cm^3	19.05			

在温度和压力条件适合的情况下，金属铀会发生相变。铀存在3种同素异形体，分别是α铀、β铀、γ铀，它们的特性如表7-3所示。在标准大气压下，当温度达到667.7 ℃时，α铀会发生相变转化为β铀；当温度继续升高达到774.8 ℃时，β铀继续发生相变转化为γ铀。当温度达到798 ℃、压力为2.98×10^9 Pa，铀的3种相态达到平衡点；当压力值超过2.98×10^9 Pa时，α铀会直接转变为γ铀。

表 7-3　铀的3种同素异形体的特性

同素异形体	α铀	β铀	γ铀
存在温度(1.01×10^5 Pa)/℃	<667.7	667.7～774.8	774.8～1 132.3
晶体结构	斜方 $a=2.854\times10^{-10}$ m $b=5.869\times10^{-10}$ m $c=4.955\times10^{-10}$ m	四方 $a=b=10.754\times10^{-10}$ m $c=5.652\ 5\times10^{-10}$ m	体心立方 $a=b=c=3.534\times10^{-10}$ m
密度/(g/cm^3)	19.05	18.13	17.91
机械性质	延展性	脆性	塑性

(2) 铀的化学性质

铀的化学性质十分活泼，易与大多数物质发生化学反应(稀有气体除外)。铀的粒度和与其反应物质的性质决定反应时所需温度。如块状铀在室温下与空气发生氧化反应，其表面会生成一层发暗的UO_2薄膜；高度粉碎的金属铀在室温条件下与水或空气接触即会发生自燃；粉末状金属铀可在150～180 ℃条件下与氯气发生反应，而块状金属铀在500～600 ℃条件下才会与氯气发生反应，生成UCl_4和UCl_6。

铀具有很强的还原性，单质金属铀和低价态铀都属于强还原剂，U^{3+}-U^0和U^{4+}-U^{3+}两个电对的标准电极电位始终低于氢的标准电极电位。因此，U^0和U^{3+}都能与水发生强烈的还原反应，最终水中的氢被还原，自身被氧化成U^{4+}，这就是地壳中不存在金属铀和三价铀化合物的原因。铀的稀有气体原子结构(s^2p^6)与氧有高度的亲和性，于是在自然界中找不到单质金属铀及其硫化物、砷化物或碲化物。铀是强络合物形成体，它能与无机和有机含氧配位体络合形成种类繁多的络合物。

因此，自然界中铀的氧化态只能是 4 价(U^{4+})和 6 价(U^{6+})，3 价(U^{3+})和 5 价(U^{5+})状态只能在实验室条件下稳定存在。

7.1.2 铀的资源量与分布

(1) 世界铀资源量与分布

20 世纪 60 年代中期，国际经济合作与发展组织核能机构(OECD-NEA)与国际原子能机构(IAEA)在其成员国的协作下，联合出版了有关世界铀资源、铀生产与铀需求的定期刊物，俗称“红皮书”，1973 年以后每两年出版一期。该刊物将铀资源量按可信度分为可靠储量(RAR)、一级估算附加资源量(EAR-1)、二级估算附加资源量(EAR-2)和推测资源量(SR)。其中，RAR 和 EAR-1 被合并称为已知资源，EAR-2 和 SR 被合并称为未查明资源。实证的可靠储量是指经过直接论证，矿床地质资料、矿山开采方法和生产成本均已公开的那一部分可靠储量，它是具有最高可信度的铀资源量，随市场需求的增加将被优先开采；属性未完全确定的可靠储量是指其生产成本尚未直接论证可归属于 RAR 级的那些已知铀矿床的资源量。

自 20 世纪 40 年代中期开始，全球范围内开始对铀资源进行勘查，当时主要用于制造核武器。随着后期核能发电对铀资源的需求增加，全球掀起了探铀高潮，在加拿大、澳大利亚等地发现了储量大、品位高的不整合脉型铀矿床，在美国、欧洲等地也相继发现了新的铀矿床。

根据《2016 年铀：资源、生产和需求》，截至 2015 年 1 月 1 日，世界已查明铀资源量 $7.641\,6\times10^6$ t。其中，可回收资源成本低于 130 美元/kg 的为 $5.718\,4\times10^6$ t，低于 40 美元/kg的为 6.469×10^5 t，相较 2013 年分别减少了 3.1%和 5.3%；低于 80 美元/kg 的为 $2.124\,7\times10^6$ t，增加了 8.6%。由于哈萨克斯坦、中国等国勘探投入的增加，与 2013 年相比，推测资源量增加了 20.9%。按照 2014 年全球铀资源 5.66×10^4 t 的需求水平，目前已查明资源量可供全球使用 135 a。

目前，世界上铀资源量较多的国家有澳大利亚、哈萨克斯坦、加拿大、俄罗斯、南非、尼日尔、巴西、中国、纳米比亚、蒙古、乌兹别克斯坦、乌克兰、博茨瓦纳、美国和坦桑尼亚，其铀资源量合计占世界铀资源量的 95%。仅澳大利亚、哈萨克斯坦和加拿大 3 国的铀资源量就超过全球的一半。全球铀资源分布情况如表 7-4 所示。

表 7-4 全球铀资源分布情况

序号	国家	比例/%	序号	国家	比例/%	序号	国家	比例/%
1	澳大利亚	24.0	5	纳米比亚	6.0	9	乌兹别克斯坦	2.0
2	哈萨克斯坦	17.0	6	巴西	6.0	10	印度	1.4
3	加拿大	9.0	7	尼日尔	5.0	11	中国	1.3
4	美国	7.0	8	俄罗斯	4.0	12	其他国家	17.3

全球天然铀产量的地域分布极不均匀。自2003年以来，哈萨克斯坦、澳大利亚和加拿大的铀矿产量一直稳居世界前三位。2014年和2015年，哈萨克斯坦的铀产量分别达到22 781 t和23 800 t，保持全球第一大产铀国的地位。表7-5是2003年和2012—2014年世界主要产铀国的铀矿产量。

表7-5　2003年和2012—2014年世界主要产铀国的铀矿产量　　单位：t

国家	2003年	2012年	2013年	2014年
哈萨克斯坦	3 300	21 240	22 513	22 781
加拿大	10 457	8 998	9 332	9 136
澳大利亚	7 572	7 009	6 432	4 976
尼日尔	3 143	4 822	4 528	4 057
纳米比亚	2 036	4 239	4 264	3 246
俄罗斯	3 150	2 862	3 135	2 991
乌兹别克斯坦	1 598	2 400	2 400	2 700
美国	779	1 667	1 792	1 881
中国	750	1 450	1 500	1 550
乌克兰	800	1 012	926	954
南非	758	467	531	566
巴西	310	326	192	55

(2) 我国铀资源量与分布

自1955年起，我国开始对铀资源进行勘查。半个多世纪以来，多种类型的铀矿床被发现，铀的资源量相当可观。

我国是世界铀资源较丰富的国家之一。勘探结果显示，我国铀的资源量为170万～200万t，占到全球铀资源量的1.3%，经济储量达到了全球总份额的7%。铀资源在我国分布比较广泛，目前有约350个已探明的铀矿床，它们分布于我国的23个省(区)。其中，中东部、南部地区的赣、粤、湘、桂、浙、闽、皖、冀、豫、鄂、琼、苏等12个省(区)的铀资源已探明储量占68%；西部及东北地区的新、内蒙古、陕、辽、甘、滇、川、黔、青、黑、晋等11个省(区)的已探明储量占32%。

目前来看，我国已探明的铀矿矿床规模普遍偏小，全国范围内年产量达到3 000 t以上的大型矿床也就20多个，其他的均为中小型矿床并且品位较低。其中，60%的铀矿资源品位在0.1%～0.3 %之间，33%的铀矿资源品位甚至低于该值，而品位高于该值的富矿资源只占总资源量的7%，并且73.6%的铀矿厚度在1～5 m。但是我国的小型矿床大多成群成带产出，多个中小型矿床组合起来储量可达上万吨，这也为对其进行开发利用提供了便利条件。

(3) 含铀矿物及矿床

含铀矿物是指以铀为非基本组分,但具有偏高的铀含量的矿物。其中一些矿物的铀含量只有千分之几,另一些矿物的铀含量可达百分之几,甚至百分之二十以上。同一种矿物中铀含量的变化范围也很大。铀在其中的氧化态可以是 4 价,也可以是 6 价。含铀矿物中的铀可能以类质同象混入物、吸附态和铀矿物超显微包裹体 3 种形式存在。

① 铀呈类质同象混入物的含铀矿物

在简单氧化物、复杂氧化物、硅酸盐和磷酸盐等 4 类矿物中有一系列含铀矿物,其中的 U^{4+} 呈类质同象状态置换了矿物中的 Th^{4+},Zr^{4+} 等。在该类矿物中通常都含有 U^{6+}。简单氧化物中铀呈类质同象混入物形式存在的只有一种即方钍石;含铀的复杂氧化物较多,主要的有 10 余种,它们在自然界中分布也比较广泛,但是存在利用价值的只有其中极少一部分;主要的含铀硅酸盐约有 11 种,它们多是岛状硅酸盐,如钍石、绿层硅铈钛矿;含铀的磷酸盐包括独居石、磷钇矿、磷灰石,以及独居石变种富钍独居石、富铀钍独居石等。

② 铀呈吸附态的含铀矿物

钙的氟化物,铜和镉的硫化物,硅、铁、锰和钛的氧化物,钙的碳酸盐、硫酸盐、磷酸盐和钼酸盐及一部分层状硅酸盐,这些都是典型的含铀矿物。在这些矿物中,铀主要以 6 价氧化态出现,以 UO_2^{2+},UO_2OH^+,$(UO_2)_2(OH)_2^{2+}$ 等形式被矿物吸附。这些含铀矿物的铀含量较低,而且铀含量变化范围也较大,在 0.01%～5.0%之间,除了具有一定的放射性之外,与其他不含铀的矿物差别不大。吸附态的含铀矿物广泛分布于自然界中,它们大多数出现于铀矿床的氧化带区域,这一特性可以为找矿提供一定的便利。

③ 铀呈铀矿物超显微包裹体的含铀矿物

借助精密仪器,发现某些含铀矿物中存在铀矿物超显微包裹体。这些包裹体十分细小,在光学显微镜下无法观察到,只有用 α 射线照相或诱发裂变径迹分析才能发现,并用扫描电镜和电子衍射手段才能鉴别。已发现的铀矿物超显微包裹体有晶质铀矿、铀石、钙铀云母等。铀矿物超显微包裹体多分布在含铀矿物的晶格缺陷、微裂纹及微孔洞中。上述含铀矿物形成时,矿物中的铀并非以铀矿物超显微包裹体形式存在,而可能以铀酰配合物形式被吸附于矿物中。其后,在成岩作用及变质作用的影响下,铀酰配合物老化和脱水,分离出来的 UO_2^{2+} 被还原为 U^{4+},从而形成晶质铀矿、铀石等矿物。

铀矿床的分类方法很多,按矿床成因可分为三大类:内生铀矿床、外生铀矿床和变质铀矿床。按其工业类型又可细分为 9 类 21 个类型。工业铀矿床分类见表 7-6。

我国地域广大,成矿条件复杂,矿床类型多。据目前资料,已查明铀矿床分布在岩浆型、伟晶岩型、火山岩型、夕卡岩型、沉积型、沉积—淋积型、淋积型、变质型等各种矿床中。其中,主要工业类型铀矿床有四大类型,即花岗岩型、火山岩型、砂岩型、碳—硅—泥岩型。其中,花岗岩型铀矿资源量占总资源量的 38.8%,火山岩型铀矿占26.9%,砂岩型铀矿占 14.2%,碳—硅—泥岩型铀矿占 13.4%,其他类型的铀矿占6.7%。其主要特征见表 7-7。

表 7-6 工业铀矿床的分类

大类	类	类型
内生铀矿床	Ⅰ. 岩浆型铀矿床(浸入体内型铀矿床)	1. 产于碱性霞石正长岩中的铀矿床 2. 产于酸性伟晶状钾长花岗岩、白岗岩中的铀矿床
	Ⅱ. 伟晶岩型铀矿床	3. 含晶质铀矿和(或)铀、钛、铌、钽、钼等复杂氧化物的脉状和柱状花岗岩、伟晶岩铀矿床 4. 含铁、铀、钛酸盐的伟晶岩类岩脉型铀矿床
	Ⅲ. 接触交代型铀矿床	5. 产于岩浆和碳酸盐岩接触带的夕卡岩型铀矿床
	Ⅳ. 热液型铀矿床	6. 花岗岩型铀矿床 7. 火山岩型铀矿床 8. 产于沉积岩及变质岩中与岩浆岩无明显关系的铀矿床 9. 产于古老浅变质岩中的不整合脉型铀矿床
外生铀矿床	Ⅴ. 陆相沉积型铀矿床	10. 砂岩型铀矿床 11. 含铀煤型铀矿床 12. 含铀沥青质砂砾岩型铀矿床
	Ⅵ. 海相沉积型铀矿床(碳、硅、泥质岩型铀矿床)	13. 含铀黑色页岩型铀矿床 14. 含铀磷块岩型铀矿床 15. 含铀硅质、泥质岩型铀矿床 16. 含硅碳酸盐岩型铀矿床 17. 含铀海相砂岩型铀矿床
	Ⅶ. 风化型铀矿床	18. 蒸发岩型铀矿床 19. 风化淋滤型铀矿床
变质铀矿床	Ⅷ. 热液交代型铀矿床	20. 产于有机灰岩、碳质泥岩和泥质硅质页岩内的铀矿床
	Ⅸ. 沉积变质型铀矿床	21. 石英卵石砾岩型铀矿床

表 7-7 我国主要工业铀矿床类型及特征

矿床类型	围岩建造	含矿主岩	矿化类型	铀矿物和主要伴生金属矿物	脉石矿物
花岗岩型	混合花岗岩、重熔花岗岩	钾质混合花岗岩、黑云母花岗岩	微晶石英型、萤石化型、黏土化型、碱交代型	沥青铀矿、晶质铀矿、铀石、黄铁矿、白铁矿、方铅矿、闪锌矿、赤铁矿、水铁矿、针铁矿	石英、玉髓、萤石、水云母、方解石、绿泥岩、绢云母
火山岩型	酸性陆相火山岩或中酸性陆相火山岩	酸性熔岩、火山凝灰岩、火山碎屑岩	单铀型、铀—钼型或铀—钼—银型、铀—钍型、铀—磷型	沥青铀矿、晶质铀矿、铀石、铀黑、铀钍石、含铀胶磷矿、含铀方解石、含铀绿泥岩、次生铀矿物、辉钼矿、黄铁矿、闪锌矿、方铅矿、赤铁矿、少量黄铜矿、红镍矿、磁黄铁矿、毒砂	石英、玉髓、萤石、方解石、绿泥岩、绢云母、迪开石、高岭石、钠长石、重晶石

表 7-7(续)

矿床类型	围岩建造	含矿主岩	矿化类型	铀矿物和主要伴生金属矿物	脉石矿物
砂岩型	暗色碎屑岩、红色碎屑岩、火山—沉积碎屑岩	砂岩、砾岩、层凝灰岩、煤岩	成岩型、淋积型、热造型	沥青铀矿、铀石、含铀碳质物、钒钙铀矿、钒钾铀矿、铀硅酸盐、黄铁矿、黑铁钒矿、白铁矿、锐钛矿、黄铜矿	石英、碳酸盐、绢云母、绿泥岩、高岭石、蒙脱石
碳—硅—泥岩型	碳硅泥岩、碳酸盐岩、砂泥质岩	含碳和磷的长石石英砂岩、硅质岩、板岩、白云质灰岩等	成岩型、淋积型、热造型	沥青铀矿、吸附状铀、含铀有机物、铀黑、铜铀云母、钙铀云母、黄铁矿、黄铜矿、闪锌矿、斑铜矿、赤铁矿、磁铁矿	石英、高岭石、绢云母、绿泥岩、方解石、萤石、重晶石、石膏、水铝英石

(4) 铀的成矿省(区)

众所周知,包括铀在内的各种矿产资源在地壳中分布很不均匀,通常相对集中分布在某些面积不大的地域内,这样的地域便被称为金属成矿省、成矿区和成矿带。20 世纪 80 年代,国际原子能机构先后主持“铀矿省识别”(英国伦敦)和“亚太地区铀矿床地质与勘查”(印尼雅加达)讨论会,对铀矿省做了以下定义:铀矿省是地壳上的这样一种地区,那里一个或连续几个时代岩石(通常为独特的沉积物)的铀含量高于正常水平。铀矿省在地域上相当于某一地质体的全部或其一部分,它通常显示为一个由相互关联而又有所不同的岩石组合所构成的完整或不完整的地质分区,而且若遭受过变质作用,则区内会出现不同程度的变质现象,并可能发生一期或多期变形作用和铀成矿作用。

迄今为止,在全球范围内确定的主要铀矿省约有 24 处:北美洲 4 处,南美洲 3 处,欧洲 2 处,非洲 3 处,亚洲 9 处,大洋洲 3 处。在全球 24 处主要铀矿省中,经勘查的重要铀矿省共 13 处,如表 7-8 所示,其中北美洲 2 处,欧洲 2 处,非洲 3 处,亚洲 4 处,大洋洲 2 处,南美洲则无 1 处,表现了空间分布的不均匀性。

表 7-8 全球范围内重要铀矿省分布情况

地区	主要铀矿省数量/处	重要铀矿省数量/处	重要铀矿省
北美洲	4	2	北萨斯喀彻温铀矿省、美国西部铀矿省
南美洲	3	0	
欧洲	2	2	中欧铀矿省、乌克兰铀矿省
非洲	3	3	尼日尔—马里铀矿省、非洲中部铀矿省和维特瓦特斯兰德金—铀矿省
亚洲	9	4	东土伦铀矿省、中央克兹尔库姆铀矿省、西西伯利亚南部铀矿省、濒额尔古纳铀矿省
大洋洲	3	2	派因·克里克铀矿省、南澳铜—铀矿省

7.1.3 铀矿的开采与利用

铀矿的开采方式可分为露天开采和地下开采两种，如图7-1和图7-2所示，前者适合埋深较浅的铀矿开采。我国铀矿山基本建设条例中明确指出优先发展露天开采。露天开采探矿效果好、成本低；回收率高，可以达到90%以上；机械化程度高，劳动条件较好；通风条件好，有利于减少氡气及氡子体对人体的危害；增产余地大，采矿成本低；基建期较短。因此，在20世纪50年代末期我国建设第一批铀矿山时就采用过露天开采技术，到70年代初我国露天铀矿的产量曾占总产量的31%。但是，我国铀矿资源赋存条件比较复杂，适合露天开采的较少。因此，我国铀矿开采以地下开采为主。铀矿地下开采技术主要有充填采矿法、崩落采矿法、留矿采矿法和溶浸采矿法。

图7-1　澳大利亚麦克阿瑟河铀矿（据加拿大矿业能源公司）

图7-2　铀矿地下开采（据戴夫·斯托贝）

在20世纪90年代以前，我国铀矿开采主要采用充填采矿法，其应用比例为76%，崩落采矿法为13%，留矿采矿法为7%，其他采矿方法仅占4%；90年代以后开始大规模使用溶浸采矿法。

(1) 充填采矿法

充填采矿法的实质是在矿房中分层回采矿石，用充填料充填采空区。充填的作用主要是支护采空区的两帮，同时为分层回采提供适当的工作场地。充填作业是回采工艺的重要组成部分。如果用支柱(支架)和充填料共同维护采空区，则叫作支柱充填采矿法。充填采矿法一般有上向式充填回采和下向式充填回采。

充填材料主要有露天采石场或巷道掘进的废石，河砂，山砂，戈壁砂，水冶尾砂，以及由砂或尾砂、碎石加入水泥做胶凝材料而制备的胶结充填料。

充填采矿法根据充填材料及其运送方式的不同，分为干式充填采矿法、水砂充填采矿法和胶结充填采矿法。干式充填采矿法，其充填设备和技术较简单，缺点是充填效率较低、劳动强度较大。水砂充填采矿法，其充填料用管道输送，效率高，但充填设备和系统较复杂，耗水量较大。胶结充填采矿法，其特点是在充填料中加入胶凝材料(水泥)，使松散的充填料凝结成具有一定强度的整体，用以改善矿柱的回采条件，并使回采方案具有较大的灵活性，以适应复杂的开采技术条件。

根据分层布置方式，又可将充填采矿法分为水平分层充填采矿法和倾斜分层充填采矿法。

对急倾斜、极薄矿体，可用采掘围岩做充填料充填采空区，这种采矿方法叫作削壁充填采矿法(又称为选别回采充填采矿法)。

对比其他采矿方法，充填采矿法增加了一道充填工序，因此，采场生产能力和劳动生产率都较低，采矿成本较高。但是，充填采矿法也具有独特的优点：

① 贫化率、损失率低，特别适用于开采价值较高的矿石。

② 适用范围广，适用于各种条件的矿体开采。特别是对矿体形状不规则，分枝、复合现象严重，厚度、倾角变化大或探矿程度较差，回采时需要随采随探的矿体等，充填采矿法更能显示其优越性及灵活性。

③ 安全性好，对容易自燃的矿体(如高硫矿体)，充填后可防止自燃。

④ 采矿后随即充填采空区，可免除日后处理采空区的麻烦(如采用空场采矿法、留矿采矿法时，有的需要在采后处理采空区)。可减少地表的沉陷，当地表不允许陷落时，采用充填采矿法较有利。

20 世纪 60 年代至 80 年代，国际采矿业大力发展尾砂胶结充填采矿法。加拿大的一些镍矿和铀矿用得较多。我国有几个有色金属矿山也在试用该法，使用来自水冶厂(或选矿厂)的尾砂，经过水力旋流器脱泥，加入一定量的水泥，加水，然后用管道输送至采场。流量、浓度、水泥加入量等都以仪表控制。该方法所需操作人员很少，效率很高。在充填后的工作面上，使用凿岩台车打眼，装药器装药，爆破后用铲运机出矿，可形成一套完整的机械化程度高的采矿方法。

我国铀矿床赋存条件一般都比较复杂，尖灭、再生、分枝、复合的现象较多。为了减少损失和贫化，更有效地把矿石开采出来，对急倾斜、倾斜的各种厚度的矿体的开采，除矿岩特别不稳固者外，一般都适于采用水平分层充填采矿法。其在做好底部结构后即自下而上逐层回采，每采一分层充填一次。开采大的矿体时，一般将矿体划分为矿房与间柱。先用留矿法回采间柱，采后用低强度等级的混凝土一次充填；或用水平分层充填法回采间柱，使用低强度等级的混凝土分层充填,以形成人工间柱。这两种充填间柱的方法实质上就是胶结充填。人工间柱形成后,再用一般的干式充填采矿法回采矿房。

有些铀矿,不再做人工间柱,也不划分间柱,而把矿体划分为几个矿房,矿房的开采依次错后一定高度。对先开采的矿房,在未充填之前,在靠近矿房边界先浇注一道厚 0.5 m 左右的混凝土隔离墙,其目的是当开采相邻矿房时隔离充填料。

(2) 溶浸采矿法

溶浸采矿法是根据矿物的物理化学特性,将工作剂注入矿层(堆),通过化学浸出、质量传递、热力和水动力等作用,将地下矿床或地表矿石中某些有用矿物从固态转化为液态或气态,然后回收,以达到以低成本开采矿床的目的。溶浸采铀将采、选、冶融为一体,它能回收用其他方法难以回收的铀成分。这种方法矿石无须经过采出、破碎、焙烧等处理工序,大大简化了采矿作业,而且投资少,工艺简单,污染小,见效快,可谓矿产资源开发史上的一次巨大进步。

溶浸采矿法包括溶解采矿法和浸出采矿法。浸出时不改变矿物成分,通过简单的溶解作用把矿物变成可以输送的液体的物理溶解过程,称为溶解采矿法,如岩盐、钾碱的溶解开采。如果在浸出过程中伴随着被浸矿物结晶体的破坏,改变为某种水溶性化合物,这种化学溶解过程则称为浸出采矿法,如铀和铜的浸出。浸出采矿法按浸出工艺和方法不同,还可以分为堆浸法、原地浸矿法、就地破碎浸矿法和联合浸矿法。

堆浸法又称堆置浸矿法,可分为非筑堆浸矿法和筑堆浸矿法。非筑堆浸矿法是指进行堆浸之前没有筑堆和破碎工序,而是直接向露天排矸场的低品位矿石和废石淋浸溶浸液进行浸出;筑堆浸矿法是指进行堆浸之前必须进行筑堆和必要的矿石破碎及堆浸场地修整等工序。

原地浸矿法有两种方式:一种方式通过地表注液工程(钻孔、沟槽)向矿层注入溶浸液与没有经过任何位移的非均质矿石的有用组分接触,完成化学反应。在扩散和对流作用下所产生的可溶性化合物借助压力差的驱动离开化学反应区进入沿矿层渗透的溶液流中,并向一定方向运动,用集液工程抽至地表,然后输送至提取车间加工成合格产品,称为地表钻孔原地浸矿法。另一种方式抽注液工程不从地表施工,而从地下(当矿床埋藏深度较大时)巷道中施工,称为地下钻孔原地浸矿法。原地浸矿法简称“地浸”,其显著特点是用溶浸液直接从天然埋藏条件下的非均质矿石中选择性地浸出有用组分,可大大简化矿冶工业全系统的工艺过程。采出来的溶液称为浸出液,当其达到一定浓度就成为产品溶液。浸出的有用组分是铀,称为铀浸出液;是金或银称为贵金属浸出液;是铜则称为铜浸出液。

就地破碎浸矿法利用露天或井下碎胀补偿空间,通过爆破或地压手段将矿石就地破碎,然后进行淋浸,并通过集液系统将浸出液送往提取车间,制成合格产品。这里的“就地”与“原地浸出法”的“原地”含义不尽相同,前者的矿石经过破碎后会发生一定范围的位移,而且有近 1/3 的矿石移出原地另行安排浸出。

用除堆浸法以外的两种或两种以上浸矿法联合回采一个矿块的溶液采矿法,称为联合浸矿法。

(3) 铀的加工利用

在铀元素被发现的早期,人们对它的关注度不是很高,其利用范围也比较有限,直到

1939 年哈恩和斯特拉斯曼发现了铀的核裂变现象，人们才对其产生了浓厚的兴趣。早期，人类利用铀能产生核裂变并伴随大量能量释放的性质将其用于制造原子弹。1954 年，苏联建造了世界上第一座原子能核电站，为铀能的和平利用找到了一个新方向。现如今，铀的主要用途是作为核电站核反应堆的原料。如表 7-9 所示，铀能利用可以划分为 4 个阶段。

表 7-9　铀能利用的阶段划分

阶　段	时　间	用　途
第一阶段	1789—1895 年	用于玻璃、陶瓷和染色等工业
第二阶段	1895—1940 年	用于提取镭的原料，供医学上使用
第三阶段	1940—1945 年	用于制造核武器
第四阶段	1945 年以后	用作核电站及反应堆的原料

目前，铀作为能源在世界各国越来越受到重视。截至 2016 年年底，全球在运行核电机组发电量达 $2.494\ 8\times10^{12}$ kW·h，核能发电量占到了全球发电量的 12%，其中欧洲、北美洲和亚洲核能发电量占比分别为 43%、37%和 18%。

7.2　钍

7.2.1　钍的基本性质

(1) 钍的物理性质

钍是元素周期表中锕系的金属元素，其原子序数为 90，元素符号为 Th。钍为银白色金属，当其暴露在空气中时会逐渐氧化成灰黑色，质软，强度与铅相近，在温度为 1 400 ℃以下时，原子排列成面心立方晶体，当温度大于 1 400 ℃时，原子结构变换成体心立方晶体，具有放射性。钍的主要物理参数见表 7-10。

表 7-10　钍的主要物理参数

参数	单位	值
密度(理论值)	g/cm^3	11.72
密度(工业值)	g/cm^3	11.5～11.65
晶体结构		<1 400 ℃，f. c. c.(面心立方)
晶体结构		>1 400 ℃，b. c. c.(体心立方)
熔点	℃	1 750
沸点	℃	4 788
比热容	J/(kg·K)	120
热导率	W/(m·K)	54
电阻率(25 ℃)	μΩ·cm	18

(2) 钍的化学性质

钍的化学性质比较活泼,除惰性气体外能与所有的非金属元素作用,生成二元化合物。钍不溶于稀酸和氢氟酸,可溶于发烟的盐酸、硫酸和王水中。硝酸能使钍钝化,苛性碱对它无作用。高温时钍可与卤素、硫、氮作用。钍具有放射性,在自然界中存在6种同位素,其中^{232}Th在自然界中的丰度最大,其他几种同位素的丰度都很低,可以忽略不计。^{232}Th的半衰期为1.4×10^{10} a。在自然界中钍只有一种价态(Th^{4+}),Th^{4+}半径为1.1×10^{-8} cm,与U^{4+}、TR^{3+}、Zr^{4+}、Ca^{2+}的半径相近,因此,在高温状态下,它们之间存在类质同象关系。

钍在地壳中的赋存量与铀相比更加丰富,其克拉克值是铀的3~4倍。钍主要以独立矿物和类质同象两种方式存在。独立矿物主要有钍石、方钍石,钍石中ThO_2的含量可达到45%~93%,方钍石中ThO_2的含量可达到50%~77%。另外,独居石、钛铀矿、铀钍石、铀方钍石、方铈石、含钍沥青铀矿中也赋存钍。其中,独居石中钍的含量可达到5%~12%,它是主要的含钍矿物。

7.2.2 钍的资源量与分布

(1) 世界钍资源量与分布

从世界范围来看,钍的资源量十分丰富。目前,有40多个国家进行过钍资源勘查,其中20多个国家进行了经济评价,2014年全球部分国家的钍资源量见表7-11。

表7-11 2014年全球部分国家的钍资源量

国家	钍资源量/万t	国家	钍资源量/万t
土耳其	37.4	挪威	8.7
丹麦	8.6~9.3	芬兰	6.0
瑞典	5.0	法国	0.1
巴西	63.2	美国	59.5
委内瑞拉	30.0	加拿大	17.2
秘鲁	2.0	乌拉圭	0.3
阿根廷	0.1	埃及	38.0
南非	14.8	摩洛哥	3.0
尼日利亚	2.9	马达加斯加	2.2
安哥拉	1.0~2.0	莫桑比克	1.0
马拉维	0.9	肯尼亚	0.8
刚果	0.3	独联体国家(估算)	169.5
印度	84.7	中国(估算)	10.0
伊朗	3.0	孟加拉国(估算)	1.7
泰国(估算)	1.0	越南(估算)	0.5~1.0
韩国	0.6	斯里兰卡(估算)	0.4
澳大利亚	59.5		

独居石是钍资源的主要来源之一。世界范围内独居石的资源量丰富，已探明的储量达数百万吨，仅印度一国的储量就达到了 400 万 t 左右。澳大利亚、印度、巴西、马来西亚、南非、泰国、中国等对独居石的开发利用程度较高，这些国家的产量占到了世界总产量的 90%以上。近些年来，独居石的产量有所降低，主要是因为钍的替代产品的出现使其需求量降低，以及钍基燃料循环技术尚未成熟。

(2) 我国钍资源量与分布

我国钍资源比较丰富，类型众多，分布广泛，已探明的钍工业储量约 28.6 万 t(ThO_2)，仅次于印度(约 34 万 t)。据不完全统计，我国 20 多个省和地区都已发现相当数量的钍资源，其中，内蒙古白云鄂博矿区钍资源量约为 22 万 t，占全国资源量的 77.3%。表 7-12 列出了我国钍资源的分布概况。根据钍资源的规模和矿化程度，钍资源可以划分为矿床、矿化点和异常点。

表 7-12　我国钍资源分布概况

成因类型	钍矿床	钍矿化点	钍异常点
沉积岩型	33	22	5
变质岩型	1	3	7
岩浆岩型	14	22	76

我国的沉积岩型钍资源主要分布于黑、吉、辽、冀、鄂、湘、粤、桂、闽、琼以及台等省(区)。广义的沉积岩型钍矿床主要指和沉积作用有关的海滨、湖湾和河谷钍砂矿。它可分为河成砂矿和滨海砂矿。河成砂矿在我国的分布很广，其主要含钍矿物是独居石，伴生矿物包括褐帘石、石榴石、金红石等，其中，ThO_2的含量在 5.4%～10%；滨海砂矿分布面积广，而且矿石的品位较高，单个矿床的钍含量可达数万吨，矿石矿物种类繁多，钍矿物包括钍石、方钍石，含钍矿物为独居石，同时还会有锡石、磁铁矿、石榴子石等重矿物出现。

我国的变质岩型钍资源主要分布于冀、滇、闽、皖、苏等地区，主要形成沉积—变质岩型钍矿床和接触变质岩型钍矿床。在片麻岩以及混合岩分布区常见变质岩型钍矿床，地球处于缺氧或无氧阶段环境下形成的石英卵石砾岩中也存在变质岩型钍矿床。

我国众多的钍矿床多分布于岩浆岩中，岩浆岩型钍资源最为丰富，并且多与稀土资源伴生，在黑、吉、辽、冀、豫、鄂、湘、鲁、皖、甘、青、川、滇、黔、赣、桂、粤、苏、内蒙古、新等地区均有分布。岩浆岩型钍矿床多分布在构造活动频繁的板块边缘区域，该区域岩浆活动不仅提供了丰富的钍元素，也为它的移动转化提供了热源条件，特别在钍含量较多的岩浆岩分布区域，长期的地质作用对钍的富集成矿起到了重要作用。

我国是一个稀土资源大国，稀土资源量占世界稀土资源量的 43%，而钍往往与稀土共生。由此可见，我国的钍资源量是非常丰富的，合理开发和利用钍资源可有效地补充铀资源在核能中应用的不足，有利于我国核电长期稳定发展。

7.2.3　钍的开采与利用

钍矿床以露天开采为主。以独居石为例，首先将地表覆土剥离后进行露天大规模机械化开采，然后将矿石运送至破碎车间破碎，并运至选矿厂。为了满足冶炼生产要求，在冶炼前经选矿将独居石与脉石矿物和其他有用矿物分开，以提高氧化物含量，得到能满足冶炼要求的独居石精矿。之后，独居石精矿进入冶炼环节，主要采用烧碱浸煮法和硫酸焙烧法提炼钍。

钍自19世纪被发现以来，长期没有得到充分的利用。在作为一种核燃料利用之前，钍仅作为一种非能源使用。市场对钍的需求量小使得钍的生产受到影响，一些国家在稀土生产或其他矿产品开发中一直将钍作为废料和矿渣弃掉。这不仅浪费了资源，且因钍具有放射性而污染了环境。钍在工业和国民经济建设中是一种非常重要的金属元素，特别是在1939年发现钍的核裂变现象后，钍在核能中的应用引起广泛的关注。钍和铀一样是一种核燃料，虽然钍本身不是一种易裂变材料，但^{232}Th是一种可裂变核素，它吸收热中子发生反应后，可生成易裂变核素^{233}U。由于中子产额较高，^{233}U比^{235}U和^{239}Pu更具优势，它对热中子具有最高的裂变因子和良好的裂变截面。因此，钍是一种重要的核燃料。

钍基燃料循环的研发工作已进行半个多世纪，取得了大量的试验研究成果。将钍基燃料用于动力堆方面，一些国家取得了许多经验，美国、英国、德国、俄罗斯、印度、日本、荷兰等国都进行了这方面的研究工作。从报道的资料可看出：美国早在曼哈顿计划（20世纪40年代）的铀和钚研究中就开始了钍基燃料循环的研究；1976—1989年运行的圣福仑堡机组是美国唯一一座使用钍基燃料的商用机组；20世纪80年代末至90年代初，美国又研究出一种用大份额钍做核反应堆堆芯的较简单方法。印度由于钍资源非常丰富，将钍资源用于大规模能源生产以作为核动力计划的一个重要目标，在1970年分离出了首批^{233}U后，便建立了世界上第一座使用钍的反应堆，该机组使用钍基燃料实现了约300 d的满功率运行。德国的球床式高温气冷实验堆（AVR实验堆）在运行的750周中，95%的时间采用钍基燃料。俄罗斯早在20世纪90年代初就制订并实施了开发钍—铀燃料的计划，在设计的可拆卸的转换区使用了钍（和铀）燃料。我国自20世纪80年代开始，对钍在压水堆中的使用进行了研究，取得了许多成果，为我国钍基燃料循环研究及钍资源利用打下了良好的基础。

过去半个多世纪对钍基燃料循环的研究表明，未来钍作为一种核燃料可能会更有价值，所以一些发展中国家更注重对钍资源的评价。随着核电技术的发展，钍资源的需求量将不断增加，钍资源的勘探和钍的生产亦会随之发展。钍作为一种核燃料在核能的持续发展中会得到更加广泛的利用。

7.3 核能利用现状与展望

核能通常是指原子核的能量，可以通过核聚变、核裂变或放射性核衰变释放出来，是环保、安全、高能量密度的战略能源。铀和钍都是重要的核能材料。核能的开发利用包括核动力、核医学以及核武器，其中，核电是最主要的发展方向之一。核能是人类极具希望的未来能源之一，是化石能源等传统能源的主要替代品之一；但是，核武器极大的破坏性，核电站事故造成的大量放射性材料泄漏，对人类安全、生态环境会产生极大的危害，这使得核能利用的安全性受到各国质疑。

截至2017年,全球可用核反应堆数量如图7-3所示,全球核电利用情况如表7-13所示。

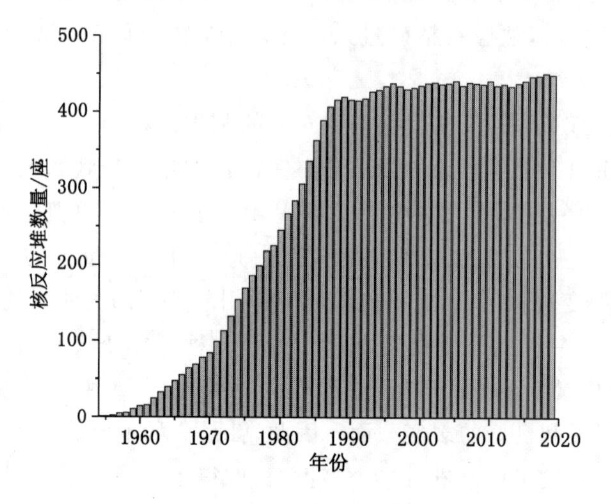

图7-3　全球可用核反应堆数量统计图

表7-13　全球核电利用情况

国家(地区)	运行中的核反应堆数量/座	总装机容量/MW	核能累计发电量/(GW·h)	核电占总发电量的比例/%
中国大陆	37	34 718.16	170 355	3.77
乌克兰	15	13 107	82 300	56.49
亚美尼亚	1	375	2 576	34.51
伊朗	1	915	3 547	1.27
俄罗斯	35	25 443	195 213.6	18.59
保加利亚	2	1 926	15 379	31.32
加拿大	19	13 524	98 374.97	16.60
匈牙利	4	1 889	14 955.71	52.67
南非	2	1 860	10 965.14	4.73
印度	21	5 780	34 644.45	3.53
中国台湾	6	5 052	35 143.03	16.32
墨西哥	2	1 440	11 176.54	6.79
巴基斯坦	3	690	4 332.7	4.40
巴西	2	1 884	14 809.16	2.76
德国	8	10 799	86 810.32	14.09
捷克	6	3 930	25 337.32	32.53
斯洛伐克	4	1 814	14 083.68	55.90
斯洛文尼亚	1	688	5 371.66	38.01
日本	43	40 290	4 346.49	0.52
比利时	7	5 913	24 571.7	37.53

表 7-13(续)

国家(地区)	运行中的核反应堆数量/座	总装机容量/MW	核能累计发电量/(GW·h)	核电占总发电量的比例/%
法国	58	63 130	416 800	76.34
瑞典	10	9 651	54 347	34.33
瑞士	5	3 333	22 100	33.48
罗马尼亚	2	1 300	10 695	17.33
美国	99	99 185	797 178	19.50
芬兰	4	2 752	22 323	33.74
英国	15	8 918	63 894.54	18.87
荷兰	1	482	3 861.63	3.67
西班牙	7	7 121	54 740	20.34
阿根廷	3	1 632	6 519	4.83
韩国	25	23 133	157 196	31.73
全球	448	392 674	2 463 948	10.60

随着我国对能源需求的不断增加,化石燃料消费所带来的环境问题及化石燃料短缺问题逐渐显现,核电已被认为是传统能源的替代品之一。我国核电事业起步于1991年秦山核电站一期工程,其建成、投产结束了中国无核电的历史。经过几十年的发展,我国相继建成投产了大亚湾核电站、岭澳核电站、田湾核电站等一批高效、安全、经济的核电项目。

此外,我国正在建设应用第三代核电技术"华龙一号"的核电站。浙江三门核电站是中国第一个采用第三代核电技术的核电项目,其1号机组是全球首座AP1000核电机组;福建福清核电站以及广西防城港核电站均是国内示范项目。2016年,我国对英国出口"华龙一号"核电技术,是我国自主研发的第三代核电技术首次进入发达国家市场;2017年,中国与阿根廷签署了2个核电机组(1个坎杜型重水堆和1个"华龙一号"压水堆)的建设合同,同年,与巴基斯坦签署了在恰希玛(Chashma)建设"华龙一号"核电机组的合作协议。此外,在2017年,中国与法国、肯尼亚、泰国、乌干达、沙特阿拉伯、巴西、柬埔寨和越南签署了核电合作协议,标志着我国核电技术在全球范围内被广泛认可。截至2018年,我国核电站投产运营情况如表7-14所示。

表 7-14 中国运营核电站情况

核电站	装机容量/MW	投产年份
大亚湾核电站1号机组	984	1994
秦山核电站	310	1994
大亚湾核电站1号机组	984	1994
秦山核电站二期1号机组	650	2002
岭澳核电站1号机组	990	2002

表 7-14(续)

核电站	装机容量/MW	投产年份
秦山核电站三期 1 号机组	728	2002
岭澳核电站 2 号机组	990	2003
秦山核电站三期 2 号机组	728	2003
秦山核电站二期 2 号机组	650	2004
田湾核电站 1 号机组	1 060	2007
田湾核电站 2 号机组	1 060	2007
岭澳核电站二期 1 号机组	1 086	2010
秦山核电站二期 3 号机组	650	2010
岭澳核电站二期 2 号机组	1 086	2011
秦山核电站二期 4 号机组	650	2012
宁德核电站 1 号机组	1 089	2013
红沿河核电站 1 号机组	1 118	2013
阳江核电站 1 号机组	1 089	2014
宁德核电站 2 号机组	1 089	2014
红沿河核电站 2 号机组	1 118	2014
方家山核电站 1 号机组	1 080	2014
福清核电站 1 号机组	1 080	2014
方家山核电站 2 号机组	1 080	2015
阳江核电站 2 号机组	1 089	2015
宁德核电站 3 号机组	1 089	2015
红沿河核电站 3 号机组	1 080	2015
福清核电站 2 号机组	1 080	2015
昌江核电站一期 1 号机组	650	2015
阳江核电站 3 号机组	1 089	2016
防城港核电站 1 号机组	1 089	2016
宁德核电站 4 号机组	1 089	2016
昌江核电站二期 2 号机组	650	2016
红沿河核电站 4 号机组	1 118	2016
防城港核电站 2 号机组	1 089	2016
福清核电站 3 号机组	1 080	2016
阳江核电站 4 号机组	1 089	2017
福清核电站 4 号机组	1 080	2017
田湾核电站二期 3 号机组	1 060	2018

核能是一种经济、清洁的能源。目前，世界很多国家的政府和科研机构投入大量人力、物力开展核能利用的科学研究，主要为可控核聚变技术。核能所提供的不仅仅是无碳电

力，在核医疗方面，可用于医学成像及专门的癌症治疗技术和医疗设备灭菌；在军事方面，核反应堆可以为潜艇及航空母舰提供动力；在海水淡化方面，可以利用同位素进行海水淡化，从而提供饮用水。同时，受核泄漏、核辐射事故的影响，各国纷纷对本国核能产业展开自查，延缓核电项目的审批，这给世界核能应用蒙上了一层阴云。核能安全研究是一个持续渐进的过程，世界各国正加速研究更加安全的核能利用技术以及核废料处理技术，从而使核能真正成为可控、安全、清洁的可持续利用能源。

思　考　题

（1）简述铀和钍的主要用途。

（2）对比煤炭、石油、天然气，试论述核能的优缺点。

第8章 能源矿产可持续发展

8.1 可持续发展概述

8.1.1 可持续发展的提出

人类未来发展将去往何处,这是一个十分重要的战略性问题,不仅仅关系到当代人的利益,还关系到子孙后代,对整个世界的发展都会产生深远影响。经过多年的探索,可持续发展呈现在世人面前,这是一条经济发展与资源环境相互协调的发展道路。20 世纪 70 年代之后,可持续发展的思想正式成为一个科学的概念和理论体系。

可持续发展第一次作为一个科学术语是出现在《世界自然保护大纲》中。1980 年,受联合国环境规划署的委托,世界自然保护联盟制定了该文件,文中提到"必须研究自然的、社会的、生态的、经济的以及利用自然资源过程中的基本关系,以确保全球的可持续发展。"第一次明确提出了可持续发展的概念。1981 年,世界自然保护联盟又推出了《保护地球》,文中给可持续发展下的定义为:"改进人类的生活质量,同时不要超过支持发展的生态系统的负荷能力"。

1983 年,世界环境与发展委员会成立。为了准备 1992 年召开的联合国环境与发展大会,该委员会组织了 21 个国家的专家学者对世界各地进行了长达 900 d 的考察和研究,最终于 1987 年向联合国提交了一份题为《我们共同的未来》的长篇报告。非洲干旱将 3 500 万人置于危急之中;印度博帕尔农药厂化学品泄漏事件造成 2 000 多人死亡;墨西哥城液化气罐爆炸使 1 000 多人遇难;苏联切尔诺贝利核反应堆爆炸使核尘埃遍及欧洲;全球由于饮用水被污染和营养不良每年有 6 000 多万人死于腹泻;全球每年有 600 万公顷耕地变成沙漠,1 100 多万公顷森林遭到破坏……这些骇人听闻的实例在报告中被一一罗列。报告提醒人类,如果再不反省自己的行为,这个世界的持续发展将不可能实现。可持续发展的概念被正式使用,并被做了系统阐述。报告把可持续发展定义为:既满足当代人的需求,又不对后代人满足其需求的能力构成危害的发展。

1992 年,联合国环境与发展大会在巴西里约热内卢召开。183 个国家(或地区)的代表团和联合国及其下属机构等 70 个国际组织的代表出席了会议,102 位国家元首或政府首脑亲自与会,通过了以可持续发展为核心的《里约环境与发展宣言》《21 世纪议程》等文件,达成了提高环境意识,彻底改变现在的发展观念,建立人与自然和谐的可持续发展新战略、新观念,加强国际合作,共同解决环境发展问题的共识,成为人类发展史上影响深远的一次盛会。文件明确了环境问题的根源与责任问题以及发达国家应履行的资金援助义务，找到了解决环境问题的正确道路，确定了人类社会共同遵循的发展战略。

1994年，《国际人口与发展行动纲领》在国际人口与发展大会上得以通过，“可持续发展问题的中心是人”的主张在该纲领中被提出，人口、持续经济增长、可持续发展三者之间的关系得以详细论述，最终提出了“为了实现可持续发展，使所有人民都享有较高的生活素质，各国应当减少和消除无法持续的生产和消费模式”“设法鼓励可持续的资源利用，防止环境退化”“实现可持续的自然资源管理”的要求。

此后在多次重要会议中，可持续发展均被作为重要的议题进行深入讨论。各国政府在联合国的组织和协调下积极参加到关于可持续发展的问题研究中，也均表示支持履行国际社会做出的各项决议，并以此为基准，制定符合本国国情的可持续发展战略。

可持续发展战略的实施，必须建立在了解本国国情，特别是自然资源特征的基础之上。我国人均资源占有量明显低于世界平均水平，这成为制约可持续发展的一个重要因素。因此，我国实施可持续发展战略，在对资源进行开发的同时，坚持节约与保护并行，这不仅是对《里约环境与发展宣言》《21世纪议程》履行义务，同时也是根据我国国情的选择，是中华民族长远发展的需要。

8.1.2　可持续发展的概念

可持续发展已成为国际上十分热门的话题，对可持续发展一词所下的定义众多。尽管各种定义的表达不同，但是大多以《我们共同的未来》中所下的定义为基础。综合各方面的研究，可持续发展的基本要点可归纳为以下几点：

一是以人为中心。衡量一个国家是否符合可持续发展的要求，经济增长率的多少，资源开发利用与环境保护程度，这些都是其次的，最为主要的是是否体现以人为本。1994年的国际人口与发展大会提出了“可持续发展问题的中心是人”的论点。以人为中心首先要满足当代人生存、发展的需求，处理好人口、环境、资源、经济、社会发展之间的关系，从而实现人的全面协调发展；其次要考虑后代人的生存发展问题，在满足当代人需求的同时不能以牺牲后代人的资源作为代价，需要协调好当代人与后代人之间的关系。

二是摆脱和根除贫困。目前，世界贫困问题仍十分严重，各地区发展不均衡且贫富差距越来越大。发展中国家人口占世界人口数量的多数，而且相当一部分人口还处于贫困状态，经济发展缓慢，环境问题糟糕。要想推动全球的可持续发展进程，必须摆脱和根除贫困。

三是保护好自然资源。人类社会的发展离不开自然资源，但是摆在人类面前的是自然资源相对短缺的现状。如何合理、有效地利用自然资源，如何保护自然资源不被过度使用及浪费，如何为后人留下充足的发展空间，这一命题成为世人必须要解决的问题。为此，我们要摒弃原有的不合理的自然资源观，不能无限地向大自然索取资源，也不能无谓地浪费自然资源，在对自然资源开发利用的同时也要对自然资源进行保护。

四是维护生态平衡。可持续发展要求在发展过程中必须处理好与环境保护的关系，维护生态的自然平衡。如果人类无节制地向大自然索取资源，那么大自然也会对人类进行报复，如沙尘暴、草原退化、地表沉降、雾霾等环境问题已经影响到人类的正常生活。要想实现可持续发展，必须要注重环境保护，维护生态系统的自然平衡。

五是经济的协调发展。发展是可持续发展的前提，没有发展，就谈不上可持续发展。经济的发展丰富了人类的物质生活，提高了人类的生活水平，它是人类发展的前提与保障。但是经济发展不能与发展画等号，经济发展属于发展的一部分，它不能独立于社会其他方面的发展之外，必须做到经济发展与社会发展相协调。

六是强调全球观念。可持续发展是全人类都需要面对的问题，这是人类发展的客观要求和必然选择。因此，全人类应该联合起来，互帮互助，团结合作，手拉手肩并肩，共同面对人类社会发展过程中出现的问题与困难。

在 1992 年联合国环境与发展大会前后，全球范围对可持续发展开展了热烈而广泛的讨论。其中，最有代表性且最有影响的可持续发展的定义，可以概括为：

可持续性是由生态学家首先提出的，即所谓的“生态持续性”。其定义为：保护和加强环境系统的生产和更新能力，即可持续发展是不超越环境系统再生能力的发展。这是从自然属性角度来定义可持续发展的。

1991 年，世界自然保护联盟、联合国环境规划署和世界自然基金会共同发表《保护地球：可持续生存战略》报告，报告将可持续发展定义为：在生存不超出维持生态系统承载能力情况下，改善人类的生活品质。这是从社会属性角度来定义可持续发展的。

从经济属性角度来定义可持续发展，主要有以下几种：“在保护自然资源的质量和其所提供服务的前提下，使经济发展的净利益增加到最大限度”“今天的资源使用不应减少未来的实际收入”“不降低环境质量和不破坏世界自然资源基础的经济发展”。

有的学者认为“可持续发展就是转向更清洁、更有效的技术，尽可能接近‘零排放’或‘密闭式’工艺方法，尽可能减少能源和其他自然资源的消耗”。还有的学者认为“可持续发展就是建立极少产生废料和污染物的工艺或技术系统”。这些都是从科技属性角度来定义可持续发展的。

8.2 能源矿产开发与环境问题

能源的可持续发展是可持续发展理论体系的重要组成部分。能源矿产资源的开发是能源可持续发展的焦点。能源矿产的形成要经过亿万年的地质作用，而其开采过程却是在很短时间内完成的，这注定能源矿产的开采和利用会直接或间接地对环境造成一定的影响。特别是近些年来，化石能源大量的开发利用引起的环境问题特别突出，地球环境全面恶化，生态平衡遭到破坏，严重影响人类生存质量，环境问题成为人类亟待解决的问题。

8.2.1 煤炭开采利用与环境破坏

煤炭的开采、加工和利用过程均有可能对环境造成破坏，如开采过程中的地表塌陷、加工过程中的污水排放、利用过程中的温室气体排放等。

露天开采法首先要将覆盖在煤层上的岩石、土壤剥离，剥离的面积往往比欲开采的煤田大得多，剥离量比采矿量大几倍或几十倍，会占用大量耕地，毁坏大面积的森林和草原等自然资源。煤炭的地下开采，如果不采取特殊的顶板控制措施，会引发地表不同程度的变形，甚至塌陷，重则导致建筑物倒塌从而危及生命，轻则破坏建筑结构和生态平衡。煤层被开采后，地面塌陷较深的地方，因长期积水变为湖泊；地面塌陷较浅的地方，如在雨季沥涝积水，旱季泛碱荒关，土地不再适宜耕种。在煤炭开采过程中，地下水的抽出会导致地面土壤含水率下降，水分大量蒸发，最终导致地面植被生长迟缓，甚至无法生长。采煤过程中会产生大量的煤矸石。煤矸石一般会被提升到地面堆积，从而占用大量土地，严重影响矿区的生态环境。同时，煤矸石中的有害成分会随着大气降雨流至土壤以及河流中，对水质产生严重影响。如果遇到暴雨季节，还可能发生泥石流等次生灾害。除了以上不利影响外，煤炭开采过程中还会产生大量污水、瓦斯排放问题，都会在一定程度上影响生态环境质量。图 8-1 为某矿的矸石山。

图 8-1　某矿的矸石山

除了开采过程会破坏环境外，煤炭的加工过程也会对环境产生不利影响。很多从井下运出的煤炭都要进入选煤厂进行分选处理来提高质量。选煤厂一般采用重力分选，会产生大量的选煤废水。选煤水中存在大量的煤粉以及从煤中脱除的酚、杂醇、硫化物等有害污染物，并且深黑色的选煤水也会大大破坏自然景观。

我国生产的大部分煤炭用于燃烧，每年产生大量的 CO_2、SO_x 和 NO_x 等气体。CO_2 是主要的温室效应气体，过量排放可能引起温室效应，从而会引发全球变暖。当然，不仅是煤炭，其他化石能源的燃烧也会产生 CO_2。图 8-2 列出了 2014 年部分国家的碳排放量。

我国消耗的化石能源以煤炭为主，其他化石能源消耗量相对较少。煤炭与其他化石能源相比污染物排放量较多，特别是部分地区的煤炭硫含量较高，燃烧排放的 SO_x 等酸性气体更多。这些气体进入大气以后可能会形成酸雨。酸雨具有十分强大的破坏力，它会使土壤酸化，影响种植的农作物以及其他植物的生长，更有甚者能造成土地寸草不生；它会对森林系统造成破坏，使树木生长缓慢，造成树木大面积死亡；酸雨汇集到江河湖泊之中，可造成水质酸化，水中的生物大量死亡，甚至出现“死河”“死湖”现象；酸雨渗入地下后会造成地下

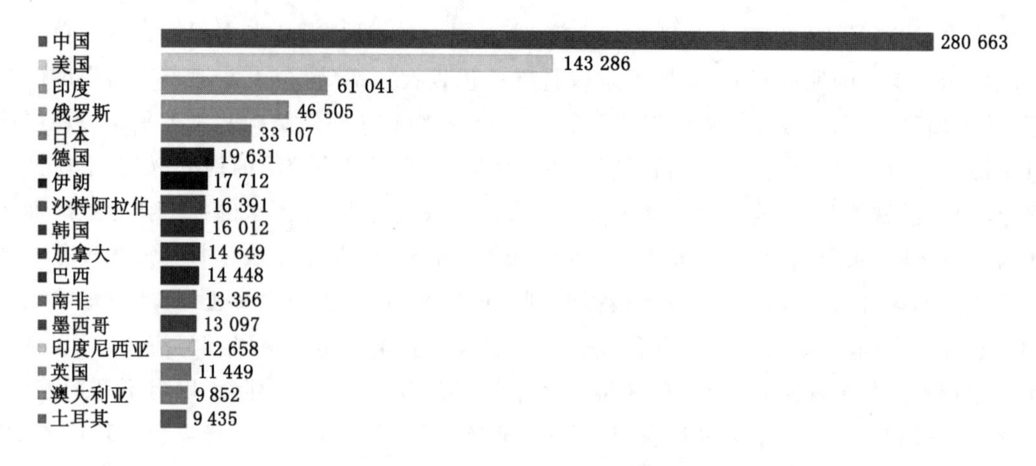

图 8-2　2014 年部分国家碳排放量汇总图(单位:万 t)

水的酸碱性改变,导致地下水长期无法利用。

我国 80%的发电量来自燃煤电厂。煤炭燃烧发电后会产生大量的矿渣和粉煤灰等固体废弃物,它是我国最大的单一固体废弃物来源。矿渣和粉煤灰的处理方式主要是露天堆放和填埋。该处理方式每年占用大量土地,并严重污染空气、地下水和土壤,从而对环境造成严重污染。

8.2.2　石油开采利用与环境污染

烃类化合物——烷烃、环烷烃和芳香烃等,是石油污染的主要污染物。这些污染物的数量巨大,根据相关部门的统计,每年约有 1 000 万 t 的石油及其制品被排放到海洋中,占世界石油总产量的 0.3%~0.5%。其中,约 500 万 t 的废油通过河流最终排放到海洋中;船舶在海洋行驶时的排放以及海面上的事故溢油约有 150 万 t;海洋钻井发生泄漏、井喷等事故泄油有 100 多万吨;大气中也会存在一定数量的石油烃,每年约有 400 万 t 的石油烃通过沉降作用落至地球表面。

石油污染物进入海洋等水域,可发生扩散、蒸发、溶解、乳化、光化学氧化及形成沥青块等复杂的物理和化学变化。石油在海洋表面首先以油膜的形式存在,而且扩展面积很大,1 L的石油在海面上可以扩展成 100~2 000 m^2 的油膜。之后,油膜会逐渐以层状或带状形态借助风力飘散,其扩散速度以及扩散的面积受到油品的性质以及温度、风量等多种外部因素共同作用的影响。油膜在扩散的同时也会发生蒸发作用,蒸发的速度与油品的物理性质以及油膜的面积、厚度、温度等情况相关。石油中含碳原子数小于 15 的烃(沸点小于 250 ℃)的蒸发大概需要 10 d 左右;含碳原子数在 15~25 的烃(沸点 250~400 ℃)的蒸发时间较长;含碳原子数大于 25 的烃(沸点大于 400 ℃)则不容易蒸发,会对环境产生长期影响。部分石油品类溶入海水中后会随着蒸发和溶解作用最终形成沥青块;石油还会在海风海浪的作用下与海水发生乳化作用,形成稳定的油包水乳化液和不稳定的水包油乳化液。同时,形成的油膜还会发生光化学氧化反应。

石油污染源广,在海洋中污染持续时间长,污染范围大,控制复杂,危害很大。石油污染导致的海水溶解氧能力的降低是对海洋系统最大的危害。溶解氧主要是大气与海水接触后，大气中的氧气成分扩散到海水之中形成的。溶解氧的存在为海洋生物的生存提供了可能。然而石油污染形成的油膜会阻止空气与海水的接触，溶解氧的补给通道被阻断，同时石油在海洋微生物的作用下形成大量氧化降解物，消耗大量的溶解氧，海洋中绿色植物的光合作用会受到影响，最终导致溶解氧的含量持续下降，海洋生态系统遭到破坏。除此之外，石油会污染海兽海鸟的表皮与羽毛，使其丧失保温和飞翔能力；影响海洋植物的正常生长；使海洋鱼类出现鱼臭，从而影响食用价值，甚至导致大范围的海洋生物死亡现象；破坏自然景观。图 8-3 为墨西哥湾的海面浮油。

图 8-3　墨西哥湾的海面浮油（据奥斯卡・加西亚等）

8.2.3　核能利用对环境的影响

核能的利用途径主要是通过建设核电站发电，污染主要来源于核电站运行时所需的冷却水以及排放到大气中的废气。在相同功率条件下，核电站用水量大于火力发电站，但是热效率却不如火力发电站，两者的热效率分别为 33%、40%左右。火力发电站有 10%～15%的热量逸散到大气中，剩余的热量进入水体内；核电站所产生热量的 3%～5%逸散到大气中，剩余部分通过冷却水进入水体中。大量的热量进入水体中，水体的物理、化学性质以及其中的生物均会受到影响；同时，大量热量排放到大气中也会引起热污染。

核电站在运行过程中也会排放放射性核素到环境中。气态放射性核素主要有^{131}I、^{134}Cs、^{137}Cs、^{61}Co、^{60}Co、^{90}Sr、^{144}Ce、氪和氙的放射性同位素；液态放射性核素主要有^{3}H、^{131}I、^{134}Cs、^{137}Cs、^{58}Co、^{60}Co、^{90}Sr。以上排放到环境中的放射性核素需要严格按照规定排放标准控制，并偏于安全。

虽然对放射性核素的排放有严格规定且相对安全，但是也会有微量放射性核素进入人体。其途径主要有：核电站正常排放的辐射量会附着到水体中，人体通过饮用水以及食用淡水或海生生物而摄入体内；核电站正常排放的辐射量通过土壤、动植物等进入食物链最终进入人体内。

8.2.4 地热开采对环境的影响

地热能是一种可再生能源。虽然与常规能源相比，地热能对环境的影响较小，但随着人们环保意识的提高和环保法规的日益严格，在利用地热能的过程中仍然要重视环保问题。

地热能开发的早期，蒸汽直接排放到大气中，热水直接排入江河，使用地下热水后也不回灌等。这些粗放的利用方式引起了一些环境问题，因为地热蒸汽中常含有硫化氢和二氧化碳，地热水的含盐量通常都很高。为保护环境，在利用地热能的过程中必须采用回灌技术，这不但有助于减少地面的沉降，还可对地热田补充水源。

由于地热能常常蕴藏在风景优美的地区或偏远地区，因此，在利用地热能特别是建设地热电站时，要对选址、利用规模和设计进行精心考虑，尽量减少对环境的影响。又由于地热水中含盐量高，在进行钻井站布置和钻井时，要避免其对清洁水源的影响。

地热开采过程中的钻井、压裂增透和回灌等活动，有可能会改变地层的应力状态，如果遇到断层构造，这种应力状态的改变可能会诱发地震。2017 年 11 月 15 日，韩国浦项市发生的 5.4 级地震，破坏力很大，使当地基础设施成为一片废墟，还导致 50 多人受伤，约 1 500 人无家可归。后经证实，附近地热发电厂的开采活动引发了这次地震。当然，目前地热开采是否会诱发地震在学术界还存在争议，但是，地热开采活动对地层结构的影响显而易见。

8.3 能源矿产可持续开发利用

8.3.1 我国能源发展面临的问题

(1) 我国环境与发展面临的能源问题

① 庞大的人口压力。根据 2021 年 5 月 11 日公布的第七次全国人口普查结果，我国人口数量达到了约 14.1 亿。如此大的人口数量对资源的需求以及对环境的影响是不容小觑的，要想实现可持续发展，必须采取必要的措施。

② 资源相对短缺又浪费严重。虽然我国的资源十分丰富，但是人均资源拥有量很少，且能源利用效率较低，单位国内生产总值(GDP)能耗是发达国家的 3～4 倍，主要工业产品能量单耗比国外平均水平高 40%。

③ 环境污染的不断加剧。我国每年由于环境问题造成的损失达到 1 000 亿元左右，水环境、大气环境、固体废弃物的污染是比较突出的问题。目前全国大多数河流、湖泊都出现不同程度的污染，水质差，生物种类少，富营养化严重。我国的能源供应以煤炭为主，这样的能源结构以及环境治理水平较低造成我国大气环境污染十分严重，全国大部分城市的空气质量达不到世界卫生组织所规定的标准。固体废弃物的数量也十分惊人，并且以每年 10%的增速持续增长，如果不采取措施处理，则会严重影响人民的生活质量以及工农业的生产。

（2）我国能源行业存在的问题

① 能源短缺，能源技术落后。虽然我国的能源矿产资源量丰富，但是我国人口众多，人均资源拥有量较少，与世界平均水平存在很大的差距。人居环境和生活质量的提高往往伴随着能源消费量的增加。为改善人居环境和生活质量，能源消费量，特别是优质能源消费量的提高是必然趋势。虽然我国能源技术得到了大幅度的提升，但是还不能满足发展的需求。一些新兴技术的开发进展相对缓慢，如可再生能源、清洁能源、替代能源；污染治理、节能减排等技术还没能全面应用；一些重大能源技术装备自主设计制造水平还不高。

② 能源消费结构不合理。单位产值能耗居高难下、能源经济效率低下是我国能源问题的症结。该问题是由多方面因素造成的，最主要的还是我国的能源消费结构。我国的资源状况是富煤、贫油、少气，这样的能源结构在短期内不能改变，国民经济的增长离不开煤炭资源的支撑。但是目前煤炭的清洁利用水平较低，大量使用煤炭会造成严重的污染，生态环境面临的压力较大。

③ 能源运输紧张。我国的煤炭资源西多东少，而经济发达地区多分布在东部沿海地区。这样的分布状况造成煤炭需要进行大规模、长距离的铁路、船舶运输，并且运输能力长期处于饱和状态，大量的煤炭资源积压。我国石油资源大部分依赖进口，而进口石油量的 4/5 需要通过海上运输，但是海上运输的咽喉——马六甲海峡安全、管理状况堪忧，一旦发生问题，我国的石油供应将会出现困局。

8.3.2　我国能源矿产可持续发展的战略构想

我国能源发展战略的基本构想为：节能效率优先，环境发展协调，内外开发并举，以煤炭为主体、电力为中心，油气和新能源全面发展，以能源的可持续发展和有效利用支持经济社会的可持续发展。

（1）节能效率优先

我国目前的能源结构比较粗放，主要表现在技术水平、管理水平和经济结构方面，实现能源的节能高效利用存在巨大的潜力。要想解决我国的能源问题，不能单纯依靠加大能源建设力度，更要通过节约能源、提高能效来解决。因此，要从根本上解决我国能源问题，必须转变经济增长方式，走新型工业化道路，选择资源节约型、质量效益型、科技先导型的发展方式。要大力调整产业结构、产品结构、技术结构和企业组织结构，依靠技术创新、体制创新和管理创新，在全国形成有利于节约能源的生产模式和消费模式，发展节能型经济，建设节能型社会。

（2）环境发展协调

能源环境问题是我国现在比较突出的问题，主要体现在 3 个方面：一是我国的酸雨污染比较严重；二是温室气体的排放量比较大，尤其是 CO_2；三是人民对美好生活的向往对环境质量提出了更高的要求。技术水平的落后与大量化石能源的利用是引起环境问题的重要原因，因此在今后的发展中，要兼顾经济发展与环境发展的协调，不能一味地追求经济利益而将环境问题抛之脑后。

(3) 内外开发并举

能源的可持续发展,眼光不能仅仅局限在国内,不能因国内的能源矿产资源条件而限制能源的需求,要放眼全球,积极与国际市场建立联系,充分利用国际市场的优质资源,做到内外开发并举,以保证我国能源的可持续发展。

(4) 以煤炭为主体

我国的资源状况是富煤、贫油、少气,煤炭在我国能源结构中占据主导地位,因此我国能源问题的解决要以此为基点。我国煤炭储量丰富,在常规化石能源中,煤炭资源占90%以上,目前已查明的煤炭保有储量超过10 000亿t,可采储量在1 100亿t以上。针对我国贫油的问题,可以从煤制油方面寻找出路,提高煤制油的技术水平,从而保证我国油品的稳定供应以及价格稳定。除此之外,煤化工、煤炭清洁发电、煤炭污染物控制等洁净煤技术,也要给予重视,加快推广。

(5) 以电力为中心

电力的正常供应是国民经济稳定运行的保障。我国的电力供应方式有火力发电、核能发电、风力发电、水力发电、太阳能发电等。火力发电应大力发展洁净煤发电技术,提高能源的利用效率,从而减少对环境的污染。同时,我国应积极推动核电、水电、风电以及太阳能发电等发电方式的发展,提高其在我国电力供应中所占的比例,推动我国能源的可持续发展。

(6) 降低石油消费,加快天然气和新能源的发展

我国的石油供应大部分依赖进口,国际原油市场的价格波动以及国际政治局势的变化都会对石油进口产生影响。为此,我国应该减少对石油进口的依赖,降低石油的消费量,加快天然气和新能源的发展。

我国的能源市场要向优质化方向发展,天然气是一个比较合适的选择,同时我国的煤层气储量也十分丰富,其性质基本与天然气相同,可以作为天然气发展战略的一部分。天然气的大规模利用,天然气管网建设是前提,我国应加快天然气管网基础设施的建设,尽快形成全国的天然气供应系统。

在各种新能源和可再生能源开发利用中,水能、太阳能、风能、地热能、海洋能、生物质能等在全世界的能源消费中已占22%左右。我国应该学习先进的技术经验,加快发展新能源和可再生能源,降低对化石能源的依赖程度,推动能源的可持续发展。

(7) 以能源的可持续发展和有效利用支持经济社会的可持续发展

① 调整和优化能源结构。坚持以煤炭为主体、电力为中心,油气和新能源全面发展的战略,调整和优化能源结构,实现能源供给与消费的多元化。

② 保障国家能源安全。随着人们环保意识的提升以及可持续发展战略的实施,我国对清洁能源的需求量持续增加,但是国内在清洁能源供应上出现明显不足的状况,需求增加与供应不足所引起的结构性矛盾已成为我国能源安全问题的主要矛盾。我国的石油资源量有限,大量的石油消费依靠进口。为此,我国要利用煤炭资源丰富的优势,提高煤炭清洁利用技术水平,加强国际石油领域的竞争与合作,确保国家能源安全。同时也要加快清洁能源的布局,搞好能源供应的多元性。

③ 紧跟世界能源发展趋势，及时转变能源发展战略。世界能源发展已进入一个新的变革时期。据有关资料预测，这次变革大体将经历两个阶段。在第一阶段，以天然气、煤层气等气体能源，液化煤、气化煤等传统矿物能源洁净化技术和核裂变技术共同构成世界能源消费的主体。然后，才有可能逐步过渡到以核聚变及可再生能源为主的第二阶段。我国要抓住机遇，迎接挑战，紧跟世界能源发展趋势，及时转变能源发展战略，保证能源的可持续发展。

思　考　题

(1) 简述可持续发展的概念。

(2) 简述能源矿产开发所带来的主要环境问题。

(3) 试论述如何实现能源的可持续发展。

参考文献

[1] 蔡贵龙. 超临界 CO_2 对砂岩铀矿铀浸出率的影响研究[D]. 衡阳：南华大学，2013.
[2] 曹新. 中国能源发展战略与石油安全对策研究[J]. 经济研究参考，2005(57)：2-15.
[3] 车瑞俊，李京. 海洋天然气水合物的分解释放对全球气候的影响[J]. 钻采工艺，2007，30(5)：135-138.
[4] 陈德春. 天然气开采工程基础[M]. 青岛：中国石油大学出版社，2007.
[5] 陈光进，孙长宇，马庆兰. 气体水合物科学与技术[M]. 北京：化学工业出版社，2008.
[6] 陈砺，王红林，方利国. 能源概论[M]. 北京：化学工业出版社，2009.
[7] 陈天云，蔡宁生. 页岩气开采技术综述分析[J]. 节能科技，2013(2)：28-31.
[8] 陈媛媛，刘洪伟. 油砂开采现状及开发技术进展[J]. 石油化工应用，2011，30(3)：4-7.
[9] 戴金岭，许俊良，宋淑玲，等. 天然气水合物钻探取样技术现状与实施研究[J]. 西部探矿工程，2011(1)：89-92.
[10] 杜铭华，何建平. 中国洁净煤技术进展及重点领域[J]. 研究与探讨，2002(9)：4-8.
[11] 杜铭华，吴立新. 中国洁净煤技术发展重点及对策[J]. 煤化工，2003(3)：3-7.
[12] 丰洋. 煤制油的现状和进展[J]. 中国石油和化工，2005(4)：73-76.
[13] 冯晓燕. 沈阳地区利用干热岩资源供暖技术研究[D]. 沈阳：沈阳建筑大学，2012.
[14] 付融冰，张慧明. 中国能源的现状[J]. 能源环境保护，2005，19(1)：8-12.
[15] 傅雷，仲冰. 中国矿产资源现状与思考[J]. 资源与产业，2008(1)：83-86.
[16] 甘华阳，王家生. 天然气水合物潜在的灾害和环境效应[J]. 地质灾害与环境保护，2004，15(4)：5-8.
[17] 高闯. 新形势下中国石油安全预警及对策研究[D]. 青岛：中国石油大学，2011.
[18] 高玉宝，余斌，龙涛. 有色矿山低品位矿床开采技术进步与发展方向[J]. 有色金属(矿山部分)，2010，62(2)：4-7.
[19] 国土资源部油气资源战略研究中心. 全国油砂资源评价[M]. 北京：中国大地出版社，2009.
[20] 韩志强. 新疆准噶尔盆地油砂开发利用现状及前景研究[D]. 南京：南京农业大学，2011.
[21] 郝玉鸿，张银德，周文，等. 准噶尔盆地西北缘风城油砂分布特征及成矿条件[J]. 物探化探计算技术，2013，35(6)：675-682.
[22] 何峰，杨丽. 煤矸石填充采空区的几种途径[J]. 北方环境，2011，23(3)：56-57.
[23] 黄福昌. 煤炭企业应对宏观调控的机遇与对策[J]. 煤矿现代化，2005(2)：1-3.

[24] 黄素逸，高伟. 能源概论[M]. 北京：高等教育出版社，2004.
[25] 霍广新. 地热开采系统的工艺形式[J]. 新能源，1994，16(8)：7-11.
[26] 霍威. 抚顺式和桦甸式油页岩干馏工艺的比较[J]. 科技情报开发与经济，2012，22(10)：122-124.
[27] 江怀友，宋新民，安晓璇，等. 世界页岩气资源勘探开发现状与展望[J]. 大庆石油地质与开发，2008，27(6)：10-14.
[28] 金学玉. 淮南矿区煤层气综合利用现状及展望[J]. 中国煤层气，2004，1(2)：23-27.
[29] 冷伏海，刘小平，李泽霞，等. 钍基核燃料循环国际发展态势分析[J]. 科学观察，2011，6(6)：1-18.
[30] 李博抒. 页岩气发展的国际实践与中国式路径[M]. 上海：华东理工大学出版社，2017.
[31] 李金龙，罗星云. 浅析云南省油页岩勘探开发现状及存在问题[J]. 云南科技管理，2012(2)：56-58.
[32] 李开文. 论我国铀资源优势及其发展核电工业的对策[J]. 中国矿业，2001，10(5)：1-4.
[33] 李开文. 中国铀矿开采技术特点及发展水平[J]. 中国矿业，2002，11(1)：23-27.
[34] 李其京，许维秀. 天然气水合物与全球环境保护的关系[J]. 科技信息，2006(4)：115-116.
[35] 李绍泉. 贵州煤炭液化基地与规模浅析[J]. 煤炭工程，2006(10)：74-76.
[36] 李士伦. 天然气工程[M]. 北京：石油工业出版社，2000.
[37] 李颖川. 采油工程[M]. 北京：石油工业出版社，2002.
[38] 李运强，黄海辉. 世界主要产煤国家煤矿安全生产现状及发展趋势[J]. 中国安全科学学报，2010，20(6)：158-165.
[39] 刘柏谦，洪慧，王立刚. 能源工程概论[M]. 北京：化学工业出版社，2009.
[40] 刘金辉，周义朋，刘亚洁，等. 生物地浸采铀研究新进展[J]. 中国矿业，2012，21(增刊)：262-264.
[41] 刘晓阳. 稠油油藏开发技术研究[D]. 大庆：大庆石油学院，2008.
[42] 刘延勇，娄六红，丘善森，等. 花岗岩热液铀矿成矿物质形成机制探讨[J]. 西部探矿工程，2008(10)：134-136，138.
[43] 刘招君，董清水，叶松青，等. 中国油页岩资源现状[J]. 吉林大学学报(地球科学版)，2006，36(6)：869-876.
[44] 柳蓉，刘招君. 国内外油页岩资源现状及综合开发潜力分析[J]. 吉林大学学报(地球科学版)，2006，36(6)：892-898.
[45] 卢国斌，郭超，宋有才，等. 浅析我国煤层气的应用与发展[J]. 资源导刊，2010(12)：36-37.
[46] 吕晓岚. 实施节约优先的能源发展战略——《中国的能源状况与政策》白皮书解读[J]. 天然气技术，2008，2(2)：9-12.
[47] 罗斐. 煤炭资源的现状及结构分析[J]. 中国煤炭，2008，34(3)：91-94，96.
[48] 罗强，王成善. 中国的能源问题与可持续发展[M]. 北京：石油工业出版社，2001.

[49] 骆超,龚宇烈,马伟斌.地热发电及综合梯级利用系统[J].科技导报,2012,30(32):55-59.
[50] 马俊伟.堆浸工艺中矿岩散体介质的渗透特性试验研究[D].长沙:中南大学,2005.
[51] 孟庆涛.油页岩资源评价方法研究[D].长春:吉林大学,2007.
[52] 孟艳宁,范洪海,王凤岗,等.中国钍资源特征及分布规律[J].铀矿地质,2013,29(2):86-92.
[53] 倪健民.国家能源安全报告[M].北京:人民出版社,2005.
[54] 牛军平,关淑艳,吴冬铭,等.应用化探方法在松辽盆地西部斜坡地带确定油砂[J].吉林地质,2009,28(1):64-68.
[55] 齐宝辉.能源的可持续发展对策探讨[J].地质技术经济管理,2002,24(1):14-18.
[56] 钱伯章,朱建芳.世界非常规天然气资源和利用进展[J].天然气与石油,2007,25(2):28-32.
[57] 秦勇,程爱国.中国煤层气勘探开发的进展与趋势[J].中国煤田地质,2007,19(1):26-29,32.
[58] 阙为民,王海峰,牛玉清,等.中国铀矿采冶技术发展与展望[J].中国工程科学,2008,10(3):44-53.
[59] 沈玉龙,魏利滨,曹文华,等.绿色化学[M].北京:中国环境科学出版社,2004.
[60] 舒歌平.煤炭液化技术[M].北京:煤炭工业出版社,2003.
[61] 苏永定.应力波作用下低品位铜矿浸出过程溶浸液渗流特性研究[D].长沙:中南大学,2008.
[62] 唐庆杰,王育华,吴文荣,等.洁净煤技术,中国能源发展的必然选择[J].中国矿业,2007,16(11):24-26.
[63] 田京祥.矿产资源[M].济南:山东科学技术出版社,2013.
[64] 汪金伟,吴巧生.中美页岩气开发利用现状的文献分析与展望[J].中国矿业,2016,25(6):49-53.
[65] 汪洋.论我国石油企业的竞争[D].成都:西南石油学院,2004.
[66] 王爱华,蔡九菊,王连勇,等.洁净煤技术进展与展望[J].节能,2004(5):6-9.
[67] 王贵玲,张薇,梁继运,等.中国地热资源潜力评价[J].地球学报,2017,38(4):449-459.
[68] 王海波,李冬冬,杨成,等.沥青砂油页岩的开发技术与应用[J].内蒙古石油化工,2010(16):93-96.
[69] 王平.矿产资源勘查开发管理和找矿突破战略行动纲要[J].资源与人居环境,2012(11):23-25.
[70] 王庆一.中国的能源与环境:问题及对策[J].能源与环境,2005(3):4-11.
[71] 王瑞和,张卫东,孙友.石油天然气工业概论[M].青岛:中国石油大学出版社,2008.
[72] 王淑娜.当前环境问题的根本原因及其客观必然性分析[J].北方环境,2011,23(12):7-8.

[73] 王雨.以循环经济的理念促进油页岩产业健康发展[J].中国能源,2011,33(4):42-45.
[74] 王运阁,王树信,张力,等.我国天然气的利用前景[J].煤气与热力,2002,22(6):523-525.
[75] 吴初国,段耀峰,舒志明.我国矿产资源安全形势分析[J].国土资源情报,2013(8):7-13,25.
[76] 吴国干,方辉,韩征,等."十二五"中国油气储量增长特点及"十三五"储量增长展望[J].石油学报,2016,37(9):1145-1151.
[77] 吴连贵,李兴尚,戴水平.全尾砂胶结充填技术在悦洋银多金属矿的应用[J].有色金属(矿山部分),2019,71(1):20-22,26.
[78] 相杳,马云芳.煤直接液化技术研究进展[J].山西化工,2015(4):45-47,51.
[79] 肖玉茹,周庆凡.我国油气资源勘探开发现状与展望[J].当代石油石化,2010(10):12-18.
[80] 邢高建.油页岩热解制油制气的新工艺研究[D].大连:大连理工大学,2011.
[81] 邢俊昊,徐冠华,吕晓亮.工业血液石油[M].济南:山东科学技术出版社,2016.
[82] 徐锭明.我国能源工业现状和能源政策[J].中国电力,2004,37(9):1-4.
[83] 徐永圻.采矿学[M].徐州:中国矿业大学出版社,2003.
[84] 杨帆.油页岩的热转化利用[D].西安:西北大学,2009.
[85] 杨丽芝,杨雪珂.清洁能源地热[M].济南:山东科学技术出版社,2016.
[86] 杨淼,林天懿,刘庆,等.北京某典型地区地热井酸化压裂增产技术研究[J].城市地质,2018,13(4):14-18.
[87] 叶爱杰,孙敬杰,贾宁,等.天然气水合物及其勘探开发方法[J].特种油气藏,2005,12(1):1-6,105.
[88] 余敬,姚书振.矿产资源可持续力及其系统构建[J].地球科学,2002,27(1):85-89.
[89] 翟光明.中国油气工业可持续发展的思路[J].当代石油石化,2004,12(10):1-6,49.
[90] 翟文静.油砂开采方法综述[J].内蒙古石油化工,2012(17):50-51.
[91] 张金川,张杰.天然气水合物的资源与环境意义[J].中国能源,2001(11):28-30.
[92] 张金带,李友良,简晓飞.我国铀资源勘查状况及发展前景[J].中国工程科学,2008,10(1):54-60.
[93] 张明林,刘建军.世界天然铀资源、勘查及生产状况[J].世界核地质科学,2011,28(1):17-23.
[94] 张瑞滋.内蒙古煤制油项目的引进及其相关问题研究[D].呼和浩特:内蒙古师范大学,2009.
[95] 张书成,刘平,仉宝聚.钍资源及其利用[J].世界核地质科学,2005,22(2):98-103.
[96] 张书成.2007:铀资源与铀勘查[J].世界核地质科学,2008,25(3):161-166,186.
[97] 张伟勤.酸雨的危害及其防治策略[J].工程与建设,2012,26(6):738-741.
[98] 张文亮,贺艳梅,孙豫红.天然气水合物研究历程及发展趋势[J].断块油气田,2005,12(2):8-10.

[99] 张小波. 辽河油区稠油采油工艺技术发展方向[J]. 特种油气藏,2005,12(5):9-13,104.

[100] 张欣,王凯,陈敏磊,等. 页岩气脱碳及综合利用技术[J]. 能源研究与管理,2016(3):14-18.

[101] 张炎. 中国矿业融资与投资环境分析[J]. 中国金属通报,2007(28):32-35.

[102] 张源. 巷道围岩温度场及其实验方法[M]. 徐州:中国矿业大学出版社,2016.

[103] 章柏洋,朱建芳. 世界非常规天然气资源的利用与进展[J]. 中国石油和化工经济分析,2006(9):42-45.

[104] 赵锟. 沈阳地区干热岩储留层裂隙温度分布研究[D]. 沈阳:沈阳建筑大学,2013.

[105] 赵群,王红岩,刘人和,等. 挤压型盆地油砂富集条件及成矿模式[J]. 天然气工业,2008,28(4):121-126.

[106] 赵阳升,万志军,康建荣. 高温岩体地热开发导论[M]. 北京:科学出版社,2004.

[107] 赵媛. 可持续能源发展战略[M]. 北京:社会科学文献出版社,2001.

[108] 郑德温,方朝合,李剑,等. 油砂开采技术和方法综述[J]. 西南石油大学学报(自然科学版),2008,30(6):105-108.

[109] 郑美扬. 沱江流域磷矿开发利用中核素迁移及地表环境影响[D]. 成都:成都理工大学,2010.

[110] 周建波,郑永飞,杨晓勇,等. 白云鄂博地区构造格局与古板块构造演化[J]. 高校地质学报,2002,8(1):46-61.

[111] 周庆凡. 世界能源开发利用现状和格局[J]. 中国能源,2002(12):4-8.

[112] 周庆凡. 我国石油资源分布与勘探状况[J]. 石油科技论坛,2008(6):13-17.

[113] 周毅. 中国矿产资源可持续发展战略研究[M]. 北京:新华出版社,2015.

[114] 周注谋,陈志贤. 铀矿充填法回采的不安全因素分析及事故预防[J]. 工业安全与防尘,1989(10):8-11.

[115] 朱芳. 关于我国石油企业跨国经营战略的思考[D]. 成都:西南石油学院,2004.

[116] 朱光俊,梁中渝,邓能运. 煤粉燃烧固硫的研究[J]. 矿业安全与环保,2004,31(6):21-22,86.

[117] 朱志敏,杨春,沈冰,等. 煤层气及煤层气系统的概念和特征[J]. 新疆石油地质,2006,27(6):763-765.